AI 사고 철학

인공지능에게 배우는 인간적인 학습 전략

KB193213

AI 사고 철학

초판 인쇄	2025년 3월 10일
초판 발행	2025년 3월 15일
지은이	이준헌, 조민호
발행인	조현수
펴낸곳	도서출판 더로드
기획	조영재
마케팅	최문섭
편집	문영윤
본사	경기도 파주시 광인사길 68, 201-1호(문발동)
전화	031-942-5366
팩스	031-942-5368
이메일	provence70@naver.com
등록번호	제2015-000135호
등록	2015년 6월 18일

정가 20,000원
ISBN 979-11-6338-477-9 (03500)

인공지능에게 배우는 인간적인 학습 전략

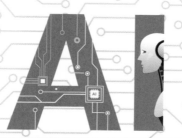

AI
AI Way of Thinking
사고 철학

이준헌, 조민호 공저

도서
출판 더로드
The Road Books

미래를 여는 열쇠: 교육의 새로운 패러다임

어느 날, 저희가 가르쳤던 한 학생이 평소와는 다른 사뭇 진지한 눈빛으로 다가와 저에게 물었습니다.

"선생님, 왜 우리는 공부를 해야 하나요? 공부가 정말 중요한 이유가 뭐예요?"

그 순간, 시간마저 멈춘 듯한 기분이 들었습니다. 이 단순하지만 강렬한 질문은 마치 제 마음속 깊은 곳을 울리는 메아리 같았습니다. 가르치는 사람으로서 늘 당연하게 여겨왔던 교육의 본질을 새삼 다시 돌아보게 만들었죠.

잠시 생각을 고른 뒤 대답하려던 찰나, 제 머릿속에는 한 가지 깨달음이 스쳐 지나갔습니다. 공부란 단순히 지식을 쌓거나 시험을 준비하는 일이 아니다. 그것은 스스로를 발견하고, 세상과 맞설 힘을 기르는 여정이며, 미래를 설계하는 도구입니다.

그 아이의 물음은 단순한 호기심을 넘어서, 자신의 삶과 방향을 진지하게 고민하는 갈망을 담고 있었습니다. 그리고 그 순간, 저는 교육이 더 이상 과거의 방식으로는 충분하지 않다는 사실을 절감했습니다. 오늘날의 교육은 학생들이 급변하는 미래 속에서 자신의 잠재력을 최대한 발휘할 수 있도록 돕는 도구가 되어야 한다는 생각이 강하게 자리 잡았습니다.

우리는 지금 인공지능과 대규모 언어 모델(LLM - Large Language Model) 같은 기술 혁신이 모든 분야를 바꾸고 있는 시대에 살고 있습니다. 이러한 변화는 교육에도 거대한 도전을 던지고 있습니다. 하지만 동시에, 새로운 기회도 함께 열리고 있죠.

AI의 발전은 놀랍고도 도전적인 순간들을 만들어 왔습니다. 그중에서도 2016년 이세돌 9단과 AI 바둑 프로그램 알파고의 대결은 역사적인 전환점을 보여준 사건이었습니다. 알파고는 단순히 바둑에서 승리하는 것을 넘어, 인간이 상상조차 하지 못한 방식으로 바둑을 두며 전 세계를 놀라게 했습니다.

알파고는 인간이 만든 규칙과 데이터를 바탕으로 작동했지만, 인간에게는 데이터 너머의 직관, 창의성, 그리고 감정을 기반으로 한 독특한 사고방식이 있습니다. 이러한 인간적인 요소들은 단순한 학습과 계산으로는 모방할 수 없는 깊이와 유연성을 제공합니다.

이세돌은 이후 2024년 7월 11일자 뉴욕타임스와의 인터뷰에서 "사람들은 창의성, 독창성, 혁신에 경외심을 갖곤 했다. 그러나 AI가 나타난 이래 그중 많은 것이 사라졌다"고 언급하며, AI의 부상 이후 인간 창의성에 대한 경외심이 감소했다는 견해를 밝혔습니다. 그의 발언은 AI가 지닌 계산적 능력과 효율성을 인정하면서도, 인간 고유의 창의성과 직관의 가치가 여전히 중요하다는 점을 상기시켜 줍니다.

이러한 발언들은 AI가 만들어 내는 혁신이 놀라운 것이지만, 인간의 직관과 창의성은 여전히 AI와는 다른 고유한 가치를 지닌다는 사실을 강조한 것으로 해석될 수 있습니다. AI가 인간의 일부 능력을 대체할 수 있을지라도, 인간적인 사고와 정서는 단순한 데이터 처리로는 따라올 수 없는 차별성을 지니고 있음을 보여줍니다.

우리는 알파고와 같은 AI의 원리에서 중요한 교훈을 얻을 수 있습니다. AI는 엄청난 양의 데이터를 활용해 학습하고, 반복적인 Feedback 과정을 통해 최적화된 결과를 만들어냅니다. 이는 인간의 학습 방식과 유사한 면이 있지만, 한 가지 큰 차이가 존재합니다. 인간은 데이터를 넘어 사회적 교감, 물리적 경험, 그리고 정서적 유대 속에서 배우며 성장합니다.

인간은 부모, 친구, 동료, 그리고 선생님과의 관계 속에서

AI 사고 철학

지식을 흡수하고, 그것을 실제 삶에 적용하며 발전해 갑니다. 인간만이 가질 수 있는 정서적 공감과 관계에서의 배움은 단순히 정보를 처리하는 AI의 능력을 넘어서는 핵심적인 차별점입니다.

따라서 우리는 AI가 보여주는 학습 방식과 효율성을 벤치마킹하는 동시에, 인간만의 고유한 강점을 잊지 말아야 합니다. AI는 뛰어난 도구로서 우리의 삶을 풍요롭게 만들 수 있지만, 인간은 사회적 교감과 물리적 경험을 통해 AI를 능가하는 존재로 성장할 수 있습니다. LLM의 학습 원리를 이해하고 그것을 우리의 학습과 성장에 적용한다면, 인간은 AI를 도구로 활용하여 자신의 잠재력을 극대화하고 더욱 나은 미래를 만들어 갈 수 있을 것입니다.

저는 미국과 중국에서의 오랜 경험을 통해 교육의 다양한 측면에 대한 깊은 통찰을 얻었습니다. 중국 칭화대에서 Automation 전공을 했던 경험은 저에게 인공지능 시대에 대한 교육적 비전을 함양하는 데 큰 자양분이 되었습니다. 이후 12년간 수학 및 물리학을 가르치며 쌓은 교육 경험, Beijing Crimson Edu에서의 유학 컨설팅, 그리고 다양한 배경과 문화를 가진 학생들을 대상으로 한 강연과 교육은 제가 교육의 본질과 도전에 대해 더 깊이 이해하도록 도왔습니다. 이러한 경험들은 학생들의 요구를 충족시키기 위한 혁신적인 접근법을 탐구하고, 교육의 의미를 확장하는 데 중요한 역할을 했습니다.

Stephen은 미국에서 10년간의 풍부한 경험을 쌓은 교육자이자 기술 전문가입니다. 그는 University of Wisconsin-Madison에서 Economics, International Relations, Integration Studies 세 가지 전공을 이수하며 학문적 깊이를 더했습니다. 이후 글로벌 IT 리더 기업에서 10여 년간 소프트웨어 개발과 검증 업무를 시작으로 B2B 영업과 사업 기획을 맡아 시장의 요구를 분석하고 기업의 사업 전략을 설계하는 데 기여했으며, 빅데이터와 생성형 AI(Generative AI) 프로젝트의 PM으로서 첨단 기술을 활용한 혁신적인 솔루션을 개발했습니다. 이러한 경험을 바탕으로, 그는 기술과 교육의 융합을 통해 학생들에게 현대 사회가 요구하는 역량을 효과적으로 전달하는 방법을 탐구하고 있습니다.

이 책의 핵심 주제는 대규모 언어 모델(LLM)의 학습 방식과 원리를 통해 아이들을 어떻게 효과적으로 교육할 수 있을지를 탐구하는 것입니다. LLM은 방대한 양의 데이터를 처리하고, 패턴을 인식하며, 새로운 정보를 생성하는 능력을 가지고 있습니다. 이러한 학습 방식은 아이들이 지식을 습득하고 문제를 해결하는 방식에 대한 중요한 통찰을 제공합니다. 이 책은 LLM의 이러한 학습 원리를 교육에 어떻게 적용할 수 있을지를 논의하며, 각 나이대와 발달 단계에 맞춘 맞춤형 교육 전략을 제시합니다.

어린 시절, 아이들은 세계를 탐색하고 배우는 과정에서 기초적인 사고 능력과 사회적 기술을 개발합니다. 이 시기에 감각적 경험과 탐색이 중요한 이유는 아이들이 주변 세계에 대한 이해를 쌓고, 기본적인 인지 능력을 기르기 위함입니다. LLM의 데이터 패턴 인식 방식을 활용하면, 아이들은 자연스럽게 패턴을 찾고 문제를 해결하는 능력을 기를 수 있습니다. 이 시기의 교육은 아이들의 호기심을 자극하고, 창의적인 사고를 키울 수 있는 활동을 중심으로 구성되어야 합니다.

초등학교 시절에는 학생들이 문제 해결 능력과 비판적 사고를 개발하는 것이 중요합니다. 이 시기의 교육은 학생들이 스스로 질문을 제기하고, 탐구하며, 논리적으로 사고할 수 있도록 돕는 것이 필요합니다. LLM의 데이터 분석과 문제 해결 방식은 이러한 능력을 배양하는 데 유용한 모델이 될 수 있습니다. 학생들이 다양한 문제에 접근하고, 창의적인 해결책을 제시할 수 있는 교육적 환경을 조성하는 것이 이 시기에 필요한 접근법입니다.

중학교와 고등학교에 이르면, 학생들은 더 복잡한 문제를 분석하고 해결하는 능력을 배양해야 합니다. 이 시기에는 논리적 사고와 문제 해결 능력을 심화시키는 교육이 필요합니다.

LLM의 고급 데이터 분석과 문제 해결 기법은 학생들에게 복잡한 문제를 다루는 데 필요한 전략과 기술을 가르치는 데 유용합니다. 이 책은 이러한 고급 교육 전략을 제시하며, 학생들이 논리적이고 비판적인 사고를 개발할 수 있도록 돕는 방안을 모색합니다.

> **"교육은 자유라는 황금 문을 여는 열쇠다."**
>
> – 조지 워싱턴 카버(George Washington Carver)

땅콩박사로 잘 알려진 조지 워싱컨 카버는 단순히 땅콩에서 수백 가지 제품을 개발한 혁신가가 아니라, 교육을 통해 자신의 삶을 바꾸고, 세상을 변화시키려 한 열정적인 교육자였습니다.

카버가 땅콩 속에서 무궁무진한 가능성을 발견했던 것처럼, 교육도 학생들 속에 숨어 있는 잠재력을 발견하고, 그것을 꽃피우는 과정입니다. 그는 작은 땅콩이 사람들의 삶을 풍요롭게 만들 수 있다는 믿음을 실천으로 증명했듯이, 우리는 교육이라는 열쇠를 통해 학생들이 미래의 복잡한 문제를 해결하고 세상을 변화시키는 능력을 기를 수 있습니다.

이 책은 LLM의 학습 원리를 활용하여, 학생들이 자신만의 "땅콩" 같은 가능성을 발견하고, 그것을 활용해 성장할 수 있는 새로운 교육 방식을 제시합니다. 땅콩박사 카버가 보여준 혁

AI 사고 철학

신과 열정처럼, 이 책이 교육에 대한 새로운 영감을 전해줄 것입니다.

　이 책을 통해 독자 여러분은 아이들의 심리와 발달 단계에 맞춘 효과적인 교육 방법을 발견하고, 현대 사회에서 필요로 하는 능력을 함양하는 데 필요한 전략을 이해할 수 있을 것입니다. 교육의 변화를 이끌고, 새로운 시대에 맞는 교육 패러다임을 제시하며, 학생들이 미래 사회에서 성공할 수 있는 역량을 기를 수 있도록 돕는 데 기여할 것입니다. 함께 이 여정을 통해 미래의 교육을 새롭게 정의하고, 학생들의 무한한 잠재력을 발휘할 수 있는 길을 열어가길 바랍니다.

들어가며: 데이터와 아이들

LLM의 학습 원리와 아이들의 학습 과정 비교

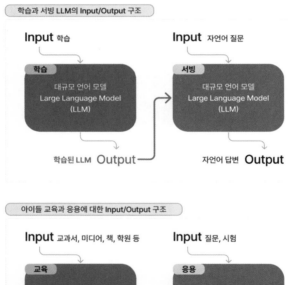

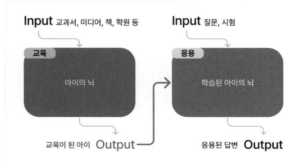

AI 사고 철학

아이들이 세상을 배우는 과정은 사실 요즘 우리가 많이 들어본 인공지능 모델, 즉 LLM이 언어를 배우는 방식과 비슷합니다. 예를 들어, LLM은 수많은 책과 글을 읽고 그 안에서 중요한 패턴을 찾아내는 식으로 학습합니다. 아이들도 마찬가지입니다. 주변에서 보고 듣는 모든 경험(입력)을 통해 세상을 이해하고, 이를 바탕으로 행동하거나 대답(출력)하며 조금씩 배워 나갑니다.

쉽게 말해, 아이들이 하루하루 새로운 것을 배우는 과정은, AI가 똑똑해지는 방식과 놀랄 만큼 비슷합니다. 중요한 것은 아이들에게 좋은 경험과 환경(입력)을 제공해 주는 것이, 그들이 세상에 더 잘 적응하고 성장할 수 있는 토대가 된다는 점입니다.

LLM의 학습 과정에서 Input과 Output

우리가 AI의 학습 방식을 이해하려면, LLM의 학습 과정을 깊이 파악할 필요는 없지만, 간략하게라도 알아두는 것이 중요합니다. LLM의 학습에서 Input(입력)은 텍스트 데이터입니다. 이 데이터는 다양한 주제와 문맥, 그리고 언어 규칙을 포함한 방대한 정보로 구성되어 있습니다.

예를 들어, LLM은 수백만 개의 문장을 입력받은 후, 그 문장들 속에서 단어들의 사용 빈도, 문법 구조, 문장 간의 관계 등을 분석하며 학습을 진행합니다. 이러한 반복 학습 과정을 통해 LLM은 언어에 대한 이해와 패턴을 점차 정교하게 만들어 갑니다.

LLM이 반복적으로 관찰하고 학습하는 구체적인 예시는 다음과 같습니다.

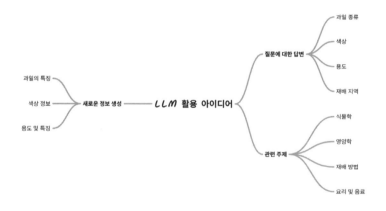

단계	설명
Input (입력)	LLM이 다양한 문장을 입력받습니다. 예: '사과를 먹다', '빨간 사과', '사과가 떨어졌다'
학습 (LLM Training)	LLM은 입력된 문장에서 단어 간의 관계, 문맥, 사용 패턴을 분석하여 학습합니다.

Output (출력)	학습된 내용을 바탕으로 새로운 문장을 생성하거나, 질문에 답을 제공할 수 있습니다. 예: '사과는 과일의 일종이며, 주로 빨간색 또는 녹색을 띤다'

　예를 들어, 여러 문장에서 "사과"라는 단어가 반복해서 등장한다고 생각해 보세요. "사과를 먹다," "빨간 사과," "사과가 떨어졌다" 같은 문장에서, LLM은 단어 "사과"가 각각 다른 문맥에서 어떻게 사용되는지 배우게 됩니다.

　이렇게 학습한 결과로 LLM은 Output(출력)을 생성할 수 있습니다. 즉, 새로운 문장을 만들어내거나, 질문에 답을 하거나, 특정 주제에 대해 설명을 제공할 수 있게 되는 것이죠. 예를 들어, 누군가 "사과는 무엇인가요?"라고 묻는다면, LLM은 "사과는 과일의 일종이며, 주로 빨간색 또는 녹색을 띤다"와 같은 답을 만들어냅니다. 이것이 바로 LLM이 배운 데이터를 바탕으로 새로운 정보를 생성하는 과정입니다.

아이들의 학습 과정에서 Input과 Output

　아이들도 유사하게 Input을 받습니다. 이 경우, 아이들의 Input은 주로 감각을 통해 들어오는 다양한 경험들입니다. 예를 들어, 부모나 교사가 아이에게 "이것은 사과야"라고 말을 하거나, 실제로 사과를 보여주면, 그들은 시각적, 청각적, 그리고 촉각적인 정보를 통해 '사과'라는 개념을 배우기 시작합니다. 반복적으로 이런 Input이 제공되면서, 아이는 점차 '사과'라는 단어와 그 의미를 연결할 수 있게 됩니다.

아이의 Output은 그들이 배운 개념을 바탕으로 새로운 상황에서 이를 적용하거나 표현하는 것입니다. 예를 들어, 아이가 어느 날 슈퍼마켓에서 빨간색 과일을 보았을 때, 그 과일을 가리키며 "사과!"라고 말하는 것이 Output에 해당합니다. 이처럼 아이는 세상에서 경험한 것을 바탕으로 새로운 상황에서 배운 내용을 표현하고 적용하게 됩니다.

LLM과 아이들의 학습 과정의 공통점: 패턴 인식과 반복

LLM과 아이들이 공통적으로 활용하는 학습 방식은 반복과 패턴 인식입니다. LLM은 수많은 문장을 반복적으로 분석하여 특정 단어가 문장에서 어떤 역할을 하는지, 특정 구조가 어떻게 반복되는지에 대한 패턴을 인식합니다. 이러한 패턴 인식은 LLM이 새로운 문맥에서 적절한 답을 생성하거나, 새로운 데이터를 이해하는 데 중요한 역할을 합니다.

아이들 역시 반복적인 경험을 통해 세상의 규칙을 이해합니다. 예를 들어, 아이는 처음에는 단어와 물체를 연결하는 것

AI 사고 철학

이 어렵지만, "이것은 사과야"라는 말을 여러 번 듣고 실제 사과를 보는 과정을 반복하면서, 사과의 형태, 색깔, 그리고 용도를 점차 인식하게 됩니다. 반복적인 Input을 통해 그들은 자연스럽게 세상에서 일어나는 다양한 상황과 단어, 물체의 의미를 연결하며 패턴을 학습합니다.

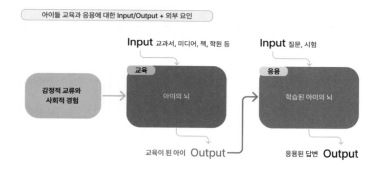

아이들이 세상을 배워가는 과정은 LLM이 데이터를 학습하는 과정과 유사하지만, 중요한 차이점이 존재합니다. LLM은 방대한 양의 데이터를 입력으로 받아 패턴을 분석하고, 그에 따라 출력을 생성하는데, 이 과정에서 감정은 전혀 개입되지 않습니다. 반면에, 아이들은 단순한 정보 학습 이상의 복잡한 과정을 거칩니다. 이 과정에는 주변 환경, 사람들과의 상호작용, 그리고 감정적 경험이 중요한 역할을 합니다.

LLM과 아이들의 학습 과정의 차이: 감정과 상호작용

LLM의 Input은 단순히 텍스트 데이터입니다. 예를 들어, LLM이 "사과"라는 단어를 여러 문장에서 반복적으로 접하게 되면, 이 단어가 과일과 관련이 있다는 사실을 이해하게 됩니다. 그 과정에서 LLM은 감정이나 관계적 맥락을 고려하지 않고, 오직 데이터의 패턴을 인식하여 의미를 도출합니다.

반면에, 아이들의 Input은 훨씬 더 다양하고 복잡합니다. 아이들은 단순히 단어와 그 뜻을 배우는 것뿐만 아니라, 그 단어를 어떻게 사용해야 하는지, 언제 사용해야 하는지, 그리고 어떤 감정적 맥락에서 그 단어가 적절한지를 함께 학습합니다. 예를 들어, 아이가 "사과"라는 단어를 배우는 과정에서 부모가 사과를 건네며 미소를 지을 때, 그 아이는 단순히 '사과'라는 단어를 외우는 것이 아니라, 사과가 주는 감정적 연결고리까지도 함께 경험하게 됩니다.

AI 사고 철학

부모와의 상호작용: 단순한 정보 전달 이상의 중요성

이처럼 LLM은 데이터 패턴을 통해 학습하지만, 아이들은 사람들과의 상호작용과 감정을 통해 세상을 배웁니다. 여기서 중요한 것은 부모와의 감정적 교류입니다. 단순히 정보를 제공하는 것이 아니라, 부모와의 상호작용을 통해 아이는 그 정보를 어떻게 적용할지, 그 상황에서 어떤 감정이 중요한지를 학습하게 됩니다.

예를 들어, 부모가 아이에게 "다른 사람에게 친절해야 해"라고 가르친다면, 이는 단순한 정보 전달에 불과할 수 있습니다. 그러나 부모가 실제로 친절하게 행동하고, 아이가 그 친절함의 결과로 긍정적인 경험을 하게 된다면, 아이는 '친절함'이라는 개념을 보다 깊이 있게 이해하게 됩니다. 여기서 Input은 부모의 행동과 감정적 반응이며, Output은 아이가 이 친절함을 실제 생활에서 적용하는 방식입니다. 즉, 아이는 단순히 말로 듣는 것이 아니라, 부모와의 상호작용을 통해 이 개념을 체화하게 되는 것입니다.

경험과 상호작용을 통한 학습

LLM은 데이터만으로 학습하는 기계적 시스템이지만, 아이들은 경험을 통해 세상의 규칙을 배웁니다. 경험이란 단순히 외부에서 주어진 정보를 받아들이는 것이 아니라, 그 정보를 자신의 삶에 맞게 해석하고 적용하는 과정을 포함합니다. 예를 들어, 아이가 어떤 행동을 하고 난 뒤 부모의 반응이 긍정적이면, 그 아이는 그 행동이 옳았다는 사실을 배우고, 반복하게 됩니다.

아이들이 주변 사람들과 상호작용하며 배우는 것은 단순한 정보 학습과는 다릅니다. 예를 들어, 아이가 동생에게 장난감을 나누어 주었을 때, 동생이 기뻐하고 부모가 칭찬하는 경험을 하게 된다면, 아이는 나눔의 가치를 배웁니다. 이 과정은 단순히 '나누어라'라는 정보 전달이 아니라, 실제 상황 속에서의 경험과 그에 따른 감정적 Feedback을 통해 이루어집니다.

감정적 학습과 관계의 중요성

아이들은 LLM과 달리 감정을 통해 학습합니다. LLM은 데이터를 분석하여 패턴을 파악할 수 있지만, 감정적 교류가 필요 없는 기계적 학습에 불과합니다. 그러나 아이들은 감정을 통해 세상과 연결되고, 타인과의 관계 속에서 자신의 위치와 행동의 적합성을 배웁니다. 예를 들어, 아이가 슬픈 친구를 위로하는 행동을 했을 때, 친구가 위로받고 부모가 그 행동을 칭찬하면, 아이는 이 경험을 통해 공감과 배려의 중요성을 배우게 됩니다.

부모는 이 과정에서 중요한 역할을 합니다. 부모가 자녀에게 단순히 정보를 제공하는 것만으로는 충분하지 않습니다. 아이들이 실생활에서 배운 지식을 적절히 사용할 수 있도록, 부모는 감정적으로 교류하고 아이가 경험을 통해 배운 것을 확인하며 Feedback을 주어야 합니다. 예를 들어, 부모가 아이와 함께 놀이를 하면서, 문제를 해결하는 과정을 격려해 준다면, 아이는 자신의 노력과 그 결과 사이의 연관성을 더 명확히 이해하게 됩니다. 이러한 경험은 LLM이 데이터를 통해 패턴을 학습하는 것과 다르게, 아이가 감정적으로 학습을 내면화하는 과정입니다.

아이들이 학습하는 방식은 단순한 정보의 입력과 출력이 아니라, 경험과 상호작용, 그리고 감정적 교류를 통해 세상의 규칙을 이해하는 것입니다. 이는 LLM과는 분명히 다른 차별화된 학습 방식입니다. LLM이 감정 없이 데이터를 처리하는 것에 반해, 아이들은 사람들과의 관계 속에서, 그리고 그 관계에서 발생하는 감정적 경험을 통해 더욱 깊이 있는 학습을 합니다. 이 때문에 부모는 단순한 정보 제공자 이상의 역할을 해야 하며, 아이들이 실생활에서 배운 것을 어떻게 적용하고 경험할 수 있을지를 적극적으로 지원해야 합니다.

결론적으로, 아이들은 반복적 경험을 통해 세상의 규칙을 배우며, 감정적 교류와 상호작용을 통해 그 학습의 깊이를 더해 나갑니다. 이는 LLM의 기계적 학습과 달리, 인간의 학습이 더욱 복잡하고 다차원적인 이유이며, 이러한 과정을 통해 아이들은 단순한 정보 습득을 넘어서 자신만의 의미를 만들어 가는 것입니다.

　　　　　　　　　　　　　　　　　　　AI 사고 철학

아이들에게 '기초부터 천천히' 가르쳐야 하는 이유

LLM도 처음에는 작은 데이터 세트로 학습을 시작하고 점차 더 복잡한 데이터를 받아들이며 학습 능력을 향상시킵니다. 아이들도 마찬가지로 처음에는 기초적인 개념을 이해하고 천천히 더 복잡한 문제를 다룰 수 있는 능력을 기르는 것이 중요합니다. 너무 많은 정보나 복잡한 개념을 한 번에 주입하면, 아이들은 혼란을 느끼고 학습에 어려움을 겪게 됩니다.

Hallucination 현상과 아이들의 혼란

LLM은 때때로 학습된 패턴이나 데이터를 잘못 해석하거나 새로운 정보에서 오류를 발생시키는 경우가 있습니다. 이를 Hallucination(환각) 현상이라고 합니다. LLM이 충분한 정보 없이 답을 생성할 때 잘못된 정보를 만들어내는 경우가 이 현상에 해당합니다. 예를 들어, "사과는 파란색이다"와 같이 실제로는 틀린 정보를 생성할 수 있습니다.

이와 비슷하게, 아이들도 학습 과정에서 정보가 과도하게 복잡하거나, 제대로 이해하지 못한 상태에서 다음 단계로 나아가면 혼란을 느낄 수 있습니다. 예를 들어, 아이가 사과와 비슷한 모양의 다른 과일을 보고 "사과"라고 잘못 말하는 경우가 여기에 해당합니다. 이처럼 LLM의 Hallucination과 아이들의 학습 오류는, 둘 다 너무 빠르게 또는 너무 많은 정보를 처리하려고 할 때 발생할 수 있는 현상입니다. 따라서 아이들이 확실한 기초 지식을 쌓을 수 있도록 천천히 학습 과정을 진행하는 것이 중요합니다.

Fine-tuning과 아이들의 학습 강화

LLM은 학습 이후에도 특정 작업에 맞게 Fine-tuning(파인튜닝)이라는 과정을 거쳐 더 정밀하게 조정될 수 있습니다. Fine-tuning은 기존 모델이 새로운 데이터에 맞춰 적응하도록 학습시키는 과정으로, 이를 통해 더욱 향상된 성능을 발휘합니다.

아이들의 학습에서도 비슷한 과정을 볼 수 있습니다. 처음에 기본적인 개념을 익힌 후, 이 개념을 바탕으로 점차 더 복잡한 문제를 해결하는 능력을 기르게 됩니다. 예를 들어, 아이가 '사과'라는 개념을 충분히 이해한 후에는 사과의 종류나 용도에 대해 더 깊이 배울 수 있습니다. 이는 LLM의 Fine-tuning과 유사하게, 기초 지식을 충분히 쌓은 후 그 위에 새로운 정보를 추가함으로써 학습을 심화시키는 방식입니다.

결론적으로, 아이들의 학습 과정은 LLM의 학습 과정과 많은 유사점을 보입니다. Input과 Output의 구조적 유사성, 반복과 패턴 인식의 중요성, 그리고 적절한 속도로 학습을 진행해야 한다는 점에서 두 과정은 밀접하게 닮아 있습니다. LLM의 학습 방식은 아이들에게 '기초부터 천천히' 가르쳐야 하는 이유를 설명하는 데 유용한 비유가 될 수 있습니다.

차 례

제1장
기초적인 데이터 입력 - 기본적인 가치와 규범

제2장
반복 학습과 강화 - 일관된 교육의 중요성

제3장
적절한 Feedback - 아이들에게 정보를 다듬어 주는 과정

제4장
개인화된 학습 - 각 아이에게 맞춘 교육 전략

제8장
정보 과부하 – 데이터를 넘어서기

제9장
AI Way of Thinking 실전

결론:
아이들이 LLM을 넘어 배우게 하라

부록

제1장

기초적인 데이터 입력

기본적인 가치와 규범

아이들의 초기 학습과 가치관 형성

아이들은 태어나자마자 주변 환경을 통해 정보를 받아들이며, 이때 부모로부터 받는 정보는 그들의 초기 학습 과정에서 중요한 역할을 합니다. 부모는 아이들에게 기본적인 가치관과 사회적 규범을 가르치는 첫 번째 교사로서, 그들이 세상에서 올바르게 행동할 수 있는 기초를 마련해 줍니다. 이러한 가치와 규범은 이후 아이가 속할 사회에서 성공적으로 상호작용할 수 있도록 도와주는 필수적인 기초입니다.

예를 들어, 부모가 일상적인 대화에서 아이에게 '감사합니다'라는 표현을 사용하게 함으로써, 그 말의 의미와 중요성을 설명해 줄 때, 아이는 이 표현이 단순한 예의 이상의 가치가 있다는 사실을 서서히 이해하게 됩니다. 이 과정에서 중요한 것은

AI 사고 철학

부모가 단순히 '감사합니다'라는 표현을 가르치는 것이 아니라, 언제 이 말을 사용해야 하고, 왜 이 말이 중요한지를 함께 설명하는 것입니다. 이때 아이는 단순히 듣고 외우는 것이 아니라, 부모의 행동을 관찰하고 이를 모방하면서 그 의미를 내면화하게 됩니다.

1. 모범이 되는 부모의 역할

이러한 학습 과정은 LLM이 데이터를 받아들이고 패턴을 인식하는 과정과 비슷하지만, 차이점은 아이들이 단순히 정보를 수용하는 것이 아니라, 실제 경험과 상호작용을 통해 배운다는 점입니다. 특히, 아이들은 부모의 행동을 직접적으로 보고 배우는 경향이 강합니다. 예를 들어, 부모가 타인과의 대화에서 존중과 예의를 보여주면, 아이는 자연스럽게 이러한 행동을 관찰하고 그 중요성을 체득하게 됩니다. 단순히 "다른 사람을 존중해야 해"라고 말하는 것만으로는 충분하지 않으며, 부모가 실제로 존중하는 모습을 보여주는 것이 결정적인 역할을 합니다.

이 과정은 아이가 세상을 어떻게 해석하고 반응할지를 결정하는 중요한 학습의 기초가 됩니다. 만약 부모가 타인에게 무례하게 행동하거나 규칙을 어기는 모습을 자주 보인다면, 아이는 이러한 행동이 사회적으로 허용되거나 심지어 바람직하다고 생각할 수 있습니다. 반대로, 부모가 일관되게 긍정적인 모범을 보인다면, 아이는 이러한 행동이 사회적 상호작용에서 필수적임을 학습하게 됩니다.

2. 규칙의 중요성 설명하기

아이에게 사회적 규범과 규칙을 가르칠 때, 단순히 그 규칙을 주입하는 것보다 그 이유와 배경을 설명하는 것이 더 효과적입니다. 예를 들어, '기다림'이라는 개념을 가르칠 때, 단순히 "기다려야 해"라고 지시하는 것보다는, "다른 사람이 먼저 말할 기회를 가져야 하기 때문에 기다리는 것이 중요해"라고 설명하는 것이 더 교육적입니다. 이처럼 규칙의 이유를 이해하게 되면, 아이는 단순히 명령을 따르는 것이 아니라, 사회적 맥락 속에서 그 행동의 의미를 스스로 깨닫게 됩니다.

이 과정은 아이의 사고 능력을 자극하여, 그들이 다양한 사회적 상황에서 규칙을 자발적으로 적용할 수 있도록 돕습니다. 아이가 스스로 규칙의 가치를 이해할 수 있게 되면, 이는 단순한 복종의 차원을 넘어서 더 성숙한 사회적 능력으로 발전하게 됩니다. 이는 마치 LLM이 데이터 속에서 패턴을 인식한 후, 새로운 맥락에서도 그 패턴을 응용하는 것과 유사합니다.

3. 경험을 통한 가치 내면화

아이들은 단순히 말로만 규칙을 배우는 것이 아니라, 직접적인 경험을 통해 그 규칙을 내면화합니다. 예를 들어, 부모가 아이에게 "줄을 서서 기다리는 것이 중요해"라고 설명할 뿐만 아니라, 실제로 줄을 서서 기다리는 상황에서 아이가 그 규칙을 따르게 할 때, 아이는 이러한 행동이 단순한 규범을 넘어, 사회적 상호작용의 필수적인 요소라는 사실을 경험하게 됩니다.

아이들이 이러한 규범을 학습하는 과정에서 반복된 실천과 경험이 중요한 이유는, 이 과정을 통해 그들이 사회적 규칙을 내재화하기 때문입니다. 처음에는 단순히 부모의 지시에 따라 행동하지만, 점차 자신의 경험을 통해 그 규칙의 중요성을 이해하게 됩니다. 이는 다시 말해, 아이가 자라면서 점점 더 많은 사회적 규범을 스스로 적용할 수 있는 능력을 길러가는 과정입니다.

4. 감정적 연결과 학습의 깊이

아이들의 학습은 LLM과 달리 감정적인 요소와도 깊이 연결되어 있습니다. 부모가 아이에게 가르치는 규범이나 가치는 단순한 정보가 아니라, 감정적 교류와 함께 전달될 때 더 깊은 학습이 이루어집니다. 예를 들어, 부모가 존중을 가르치면서 따뜻한 감정으로 아이를 대하고, 그러한 존중이 실제 관계에서 긍정적인 결과를 가져오는 것을 아이가 경험하게 된다면, 아이는 그 규범을 감정적으로 더 깊이 내면화하게 됩니다.

이처럼 부모는 아이가 세상의 규범과 가치를 배울 수 있도록 단순한 지시 이상의 역할을 해야 하며, 아이가 자신의 경험을 통해 그 규칙을 이해하고 적용할 수 있도록 돕는 가이드가 되어야 합니다.

아이들의 초기 학습에서 중요한 것은 단순히 정보와 규칙을 제공하는 것이 아니라, 그 규칙이 왜 중요한지를 이해하게 하고, 부모의 모범을 통해 그 가치를 경험할 수 있도록 돕는 것입니다. LLM이 방대한 데이터를 처리하여 패턴을 인식하는 것과 마찬가지로, 아이들도 주변 환경에서 반복적으로 경험을 쌓으며 그들의 가치관과 규범을 형성합니다. 하지만 LLM과 달리, 아이들은 이 과정에서 감정적 교류와 상호작용을 통해 더 깊이 있는 학습을 하며, 이를 통해 사회적 맥락 속에서 스스로 행동을 조절하고 적용할 수 있는 능력을 길러갑니다.

AI 사고 철학

데이터 사이언스와 아이들과의 상관관계

아이들이 세상을 배우는 초기 과정은 마치 데이터 플랫폼에서 데이터를 수집하고 관리하는 과정과 유사합니다. 데이터 플랫폼은 데이터를 적절히 수집하고 처리하며, 이를 기반으로 중요한 의사 결정을 내리기 위한 시스템을 구축합니다. 이 과정에서 Data Lake, Preprocessing, Data Warehouse, Data Mart, Schema, Catalog, Governance 등 여러 요소가 중요한 역할을 합니다. 마찬가지로, 아이들의 초기 학습에서 기초적인 데이터 입력은 그들의 가치관과 규범을 형성하는 핵심적인 요소가 됩니다.

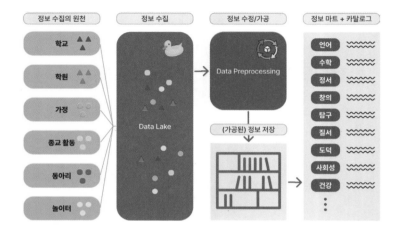

1. 데이터 수집과 아이들의 초기 정보 습득: Data Lake

데이터 플랫폼에서 첫 단계는 Data Lake를 통해 다양한 원천에서 데이터를 수집하는 것입니다. Data Lake는 다양한 형식의 데이터가 원시 상태로 저장되는 거대한 저장소를 의미합니다. 데이터는 정형, 비정형 또는 반정형 데이터로 이루어질 수 있으며, 이 데이터들이 나중에 분석을 위해 정리되기 전까지 저장됩니다.

아이들의 초기 학습도 이와 비슷합니다. 아이들은 태어나면서부터 주변 환경에서 수많은 정보를 받아들이고, 이 정보는 마치 Data Lake에 저장된 데이터처럼 아직 정리되지 않은 원시 데이터로 축적됩니다. 예를 들어, 부모가 아이에게 여러 가지 감정 표현을 보여줄 때, 아이는 이 정보를 받아들이지만, 처음에는 그 의미나 맥락을 명확히 이해하지 못합니다. 이때 중요한 것은 데이터 수집의 범위입니다. 다양한 경험과 상황에서 아이가 충분한 정보를 수집할 수 있어야, 이후에 이를 바탕으로 의미를 해석할 수 있게 됩니다.

2. 데이터 전처리와 규범 형성: Preprocessing

수집된 데이터는 단순히 저장되는 것만으로는 아무런 의미를 갖지 못합니다. 이를 분석하고 사용할 수 있도록 데이터를 정리하고 변환하는 과정이 Preprocessing(전처리)입니다. Preprocessing은 데이터의 노이즈를 제거하고, 불완전한 데이터를 정리하며, 필요한 형태로 변환하는 과정을 포함합니다. LLM도 데이터를 학습할 때 이러한 전처리 과정을 통해서만 유의미한 패턴을 인식할 수 있습니다.

아이들의 초기 학습에서 전처리는 기초적인 가치와 규범을 통해 이루어집니다. 아이들이 다양한 경험을 통해 수집한 정보는 초기에는 정리되지 않고 흩어져 있을 수 있습니다. 부모는 이 정보들을 하나씩 정리하며, 아이가 올바른 규범을 따를 수 있도록 가르쳐야 합니다. 예를 들어, 아이가 "감사합니다"라는 말을 배우게 될 때, 단순히 그 단어를 반복하는 것에서 그 치지 않고, 언제 그 말을 써야 하는지, 어떤 상황에서 그 말이 적절한지를 설명해 주는 것이 전처리 과정에 해당합니다. 이 과정을 통해 아이는 원시적 데이터를 의미 있는 정보로 변환하게 됩니다.

3. Data Warehouse와 기초 규범의 저장 및 관리

데이터가 전처리 과정을 거치면, 이제 Data Warehouse(데이터 웨어하우스)에 저장됩니다. Data Warehouse는 체계적으로 정리된 데이터를 저장하고 관리하는 중앙 시스템입니다. 이곳에서는 정형화된 데이터들이 장기적으로 보관되며, 분석을 위한 기반이 됩니다. 데이터 웨어하우스는 다양한 소스에서 데이터를 수집해 통합 관리하는 역할을 하며, 여기서부터 데이터는 특정한 목적을 위해 사용될 준비를 마치게 됩니다.

아이들의 학습에서 기본적인 규범과 가치관은 Data Warehouse와 같은 역할을 합니다. 아이가 어릴 때 배운 기초적인 규범과 가치들은 그들의 행동을 결정하는 중요한 기반이 됩니다. 예를 들어, 부모가 아이에게 "차례를 기다려야 해"라는 규범을 가르쳤다면, 이 규범은 아이의 머릿속에 체계적으로 저장되고, 나중에 다양한 사회적 상황에서 행동의 지침으로 작용하게 됩니다. 이 규범들이 잘 저장되어 있어야, 아이는 성인이 되어서도 다양한 사회적 규칙을 자연스럽게 따를 수 있게 됩니다.

4. Data Mart와 구체적 학습 내용

Data Warehouse에 저장된 데이터 중에서도 특정한 분석이나 작업에 필요한 데이터만을 모아 만든 것이 Data Mart입니다. Data Mart는 특정 목적에 맞게 데이터가 정리되어 사용될 수 있도록 지원하며, 이는 LLM이 특정 작업에 맞춰 학습할 때도 중요한 역할을 합니다. LLM이 효과적으로 학습하려면 기본적인 데이터가 잘 정리되어 있어야만, 그 데이터로부터 유의미한 결과를 도출할 수 있습니다.

아이들의 학습에서도 구체적인 학습 내용을 위해 기본이 탄탄해야 합니다. 아이가 올바른 규범을 배웠을 때, 그 규범을 바탕으로 더 구체적인 상황에서 적절하게 행동할 수 있습니다. 예를 들어, 아이가 "감사합니다"라는 규범을 배웠다면, 이후 그 말이 사용될 다양한 상황에서 적절히 적용할 수 있게 됩니다. 이처럼 기초가 튼튼할수록 아이는 더 복잡한 문제를 해결할 수 있는 능력을 기르게 됩니다.

5. 스키마(Schema)와 아이들의 인지적 구조

데이터 플랫폼에서 Schema는 데이터가 어떻게 구조화되어 있는지를 정의하는 개념입니다. Schema는 데이터 간의 관계와 구조를 설명하며, 데이터가 어떤 방식으로 사용되고 연결될 수 있는지를 결정하는 중요한 요소입니다.

아이들의 학습 과정에서도 인지적 구조가 중요한 역할을 합니다. 아이가 규범을 배울 때, 그 규범을 단순한 개념으로 기억하는 것이 아니라, 그 규범이 다른 가치와 어떻게 연결되는지 이해해야 합니다. 예를 들어, "감사합니다"라는 말을 배운 아이가 나중에 "사과합니다"라는 표현을 배울 때, 이 두 가지 규범이 모두 상호 존중이라는 더 큰 개념에 연결된다는 것을 이해하게 되는 것입니다. 이러한 학습 구조가 아이의 행동을 더 유연하고 지능적으로 만들어 줍니다.

6. 카탈로그(Catalog)와 규범의 저장과 접근성

데이터 플랫폼에서 Catalog는 데이터가 어디에 저장되어 있는지, 어떤 특성이 있는지를 기록하는 시스템입니다. 이를 통해 사용자는 필요한 데이터를 쉽게 찾고, 어떤 데이터를 사용할 수 있는지 파악할 수 있습니다. 아이들의 학습에서도 비슷

AI 사고 철학

한 과정이 이루어집니다. 기초적인 규범과 가치가 아이의 인지 구조 안에 잘 저장되어 있다면, 나중에 다양한 사회적 상황에서 그 규범을 쉽게 적용할 수 있게 됩니다.

예를 들어, 아이가 여러 상황에서 "감사합니다"라는 말을 배우고, 그 상황들이 카탈로그처럼 머릿속에 정리되어 있으면, 그들은 새로운 상황에서도 그 규범을 쉽게 찾아내고 적용할 수 있습니다. 이는 일종의 규범적 카탈로그 역할을 하며, 아이가 더 빠르고 정확하게 사회적 규범을 따를 수 있게 돕습니다.

7. 거버넌스(Governance)와 규범의 관리

데이터 플랫폼에서는 Governance(거버넌스)가 데이터의 품질을 유지하고, 데이터가 정확하게 사용될 수 있도록 관리하는 시스템입니다. 데이터가 잘못된 방식으로 사용되거나 손상되지 않도록 하는 것이 거버넌스의 역할입니다. 아이들의 학습에서도 기본적인 가치와 규범의 관리가 필요합니다. 부모는 아이가 배운 규범이 올바르게 적용되는지 지속적으로 확인하고 Feedback을 제공해야 합니다.

예를 들어, 아이가 "감사합니다"라는 말을 잘 사용하다가도, 나중에 그 규범을 잊거나 잘못된 방식으로 사용할 수 있습니다. 이때 부모는 이를 바로잡고, 규범이 올바르게 유지되도록 관리하는 것이 중요합니다. 이렇게 지속적인 관리와 Feedback이 있어야, 아이는 평생 그 규범을 올바르게 적용할 수 있습니다.

아이들의 기초적인 데이터 입력, 즉 기본적인 가치와 규범은 이후의 모든 학습과 행동의 기반이 됩니다. 데이터 플랫폼에서 기초 데이터가 잘 수집되고 관리되어야 그 데이터를 기반으로 다양한 분석과 의사 결정이 이루어지는 것처럼, 아이들이 어릴 때 배운 가치관과 규범이 잘 자리 잡아야 더 복잡한 사회적 문제를 해결할 수 있는 능력을 기를 수 있습니다.

이러한 기초가 없다면, LLM이 방대한 데이터를 학습해도 올바른 패턴을 인식하지 못하는 것처럼, 아이들도 더 복잡한 사회적 문제나 상황에서 혼란을 겪게 될 것입니다. 그렇기 때문에 기초적인 데이터 입력과 관리는 아이들의 학습 과정에서 필수적인 역할을 하며, 이는 그들이 성인이 되었을 때도 지속적인 영향을 미치게 됩니다.

반복 학습과 강화

일관된 교육의 중요성

아이들의 학습 과정에서 반복 학습과 강화는 필수적인 요소입니다. 이는 마치 LLM(Large Language Model)이 데이터를 여러 번 학습하며 점차 패턴을 더 정교하게 이해하는 것과 유사합니다. LLM은 동일한 유형의 데이터를 반복적으로 접하며 패턴을 명확하게 인식하고, 이를 바탕으로 새로운 정보를 더 잘 이해할 수 있는 능력을 갖추게 됩니다. 이와 마찬가지로, 아이들도 반복적인 학습을 통해 새로운 개념이나 행동을 점차 익숙하게 습득하며, 자신감 있게 실행할 수 있게 됩니다. 하지만 여기서 중요한 것은 단순한 반복이 아닌, 일관성 있는 반복과 그에 따른 강화 학습입니다.

1. LLM의 반복 학습과 아이들의 반복 학습 필요성

LLM은 방대한 양의 데이터를 처리하며, 여러 번 반복적으로 데이터를 접할 때 비로소 각 데이터에 내재된 패턴을 정확히 이해할 수 있습니다. 반복 학습을 통해 학습된 정보는 시간이 지날수록 더 정교해지고, 새로운 데이터를 이해하는 데 필요한 기반이 됩니다. 패턴 인식이 반복 학습의 중요한 결과 중 하나이며, 이를 통해 모델은 점점 더 복잡한 문제를 해결할 수 있는 능력을 얻게 됩니다.

아이들의 학습 과정도 이와 유사합니다. 예를 들어, 아이가 숫자를 처음 배울 때, 처음에는 그 개념을 완전히 이해하지 못할 수 있습니다. 하지만 매일 반복적으로 숫자를 읽고 쓰는 연습을 하면, 아이는 점차 숫자의 개념을 내면화하게 됩니다. 이는 LLM이 반복적인 데이터 입력을 통해 패턴을 인식하는 원리와 유사합니다. 반복이 될수록 정보는 점점 더 구체화되며, 아이는 이를 바탕으로 새로운 개념을 더 잘 이해하고 응용할 수 있게 됩니다.

2. 일관성 있는 반복의 중요성

LLM이 무작위 데이터를 반복 학습하는 것보다, 일관성 있는 패턴을 학습할 때 더 효과적인 성과를 보이는 것처럼, 아이들도 일관성 있는 환경에서 반복 학습할 때 더 효과적으로 학습할 수 있습니다. 예를 들어, 부모가 매일 아침 일정한 시간에 아이와 함께 독서 시간을 가지면, 아이는 자연스럽게 독서 습관을 형성하게 됩니다. 이는 단순한 반복이 아닌, 일정한 루틴과 일관된 방식으로 학습이 이루어질 때 더욱 효과적임을 보여줍니다.

3. 강화 학습과 Few-Shot Learning

LLM의 강화 학습(Reinforcement Learning)은 목표에 맞게 데이터를 반복 학습하고, 그 결과에 따라 학습을 조정하는 방식입니다. 마찬가지로, 아이들의 학습에서도 긍정적 강화가 필수적입니다. 부모는 아이가 올바른 행동을 했을 때 그 행동을 칭찬하거나 보상함으로써, 그 행동이 지속되도록 유도할 수 있습니다. 예를 들어, 아이가 타인을 존중하는 행동을 했을 때, 부모가 칭찬과 보상을 해주면, 아이는 해당 행동을 자주 반복하게 됩니다.

LLM의 Few-Shot Learning은 소수의 예시만으로도 학습할 수 있는 능력을 의미합니다. 모델이 적은 수의 예시를 통해 새로운 개념을 빠르게 익히는 방식입니다. 예를 들어, 고양이와 살쾡이를 구분하는 문제에서, Few-Shot Learning을 적용하면 모델은 몇 번의 이미지 예시만으로도 두 동물을 구별할 수 있게 됩니다. 이는 Zero-Shot Learning보다 훨씬 더 효과적이며, 소수의 학습 기회로도 중요한 개념을 인식할 수 있게 만듭니다.

이 개념은 아이들의 학습에도 적용될 수 있습니다. 예를 들어, 아이가 "기다림"이라는 규범을 배우기 위해 많은 예시를 보지 않더라도, 부모가 몇 번의 상황에서 차례를 기다리는 행동을 보여준다면, 아이는 그 규범을 빠르게 이해하고 다양한 상황에서 적용할 수 있게 됩니다. Few-Shot Learning처럼, 아이가 적은 학습 기회에서도 핵심 개념을 빠르게 익힐 수 있도록 부모가 핵심에 집중한 학습을 제공하는 것이 중요합니다.

4. Augmentation과 다양한 학습 자극

LLM에서 Data Augmentation은 데이터를 변형하거나 확장하여 모델이 더 다양한 학습 기회를 가질 수 있도록 만드는 방식입니다. 예를 들어, 같은 데이터지만 각기 다른 형태로 변형시켜 모델이 다양한 패턴을 인식하도록 돕습니다. 이처럼 다양한 변형된 데이터를 학습하면, 모델은 더 풍부한 정보를 처리할 수 있습니다. 마찬가지로, 아이들의 학습에서도 다양한 학습 자극을 제공하는 것이 매우 중요합니다.

아이들이 단순히 같은 방식으로 학습하는 것이 아니라, 다양한 방식으로 문제를 접할 때, 더 창의적으로 사고하고 새로운 문제를 해결할 수 있는 능력을 기르게 됩니다. 예를 들어, 부모가 아이에게 숫자를 가르칠 때, 숫자를 읽고 쓰는 것만이 아니라, 일상에서 숫자를 경험할 다양한 기회를 제공하는 것이 효과적입니다. 슈퍼마켓에서 물건을 계산하거나, 놀이를 통해 숫자를 사용하는 상황을 만들면, 아이는 숫자를 보다 자연스럽고 다양한 방식으로 경험하게 됩니다.

5. 반복 학습의 한계와 실수에서 배우는 법

LLM이 데이터를 반복적으로 학습할 때, 잘못된 패턴을 학습하거나 실수를 할 수 있는 것처럼, 아이들도 학습 과정에서 실수를 경험할 수 있습니다. 하지만 실수는 학습의 중요한 부분입니다. LLM도 반복된 실수를 통해 더 나은 성능을 가지게 되는 것처럼, 아이들도 실수를 통해 더 나은 방법을 배울 수 있습니다. 실수에서 배우는 과정은 아이가 문제를 해결하고, 더 나은 결정을 내릴 수 있는 능력을 키워줍니다.

예를 들어, 아이가 물건을 정리할 때 처음에는 잘못된 방식으로 정리할 수 있습니다. 이때 부모가 차분히 설명하고 아이

AI 사고 철학

가 스스로 다시 시도하도록 격려하면, 아이는 점차 올바르게 정리하는 방법을 익히게 됩니다. 실수를 인정하고, 이를 통해 배우는 과정은 아이의 자존감을 높이고, 더 나은 학습 결과를 가져오는 데 중요한 역할을 합니다.

6. ReAct Prompting과 비판적 사고의 훈련

LLM의 학습에 사용되는 ReAct Prompting은 모델이 단순히 데이터를 학습하는 것을 넘어서, 문제 해결 과정에서 반응(Reaction)과 사고(Thought)를 결합하는 방식을 의미합니다. 이는 모델이 문제를 해결할 때, 그 과정에서 반응을 관찰하고 스스로 문제 해결 방식을 생각하는 능력을 발달시킵니다.

아이들도 단순히 지시를 따르는 것에서 벗어나, 부모나 교사가 그들이 왜 특정 행동을 해야 하는지 사고하도록 도와주면, 더 깊은 학습이 가능합니다. 예를 들어, 부모가 "차례를 기다려야 한다"는 규범을 가르칠 때, 단순히 지시하는 대신 아이가 그 이유를 생각해 보도록 유도하면, 아이는 사회적 규범의 중요성을 스스로 이해하게 됩니다. 이처럼 ReAct Prompting은 단순한 행동 학습이 아닌, 사고와 비판적 문제 해결 능력을 키우는 데 중요한 역할을 합니다.

7. 자기주도 학습과 일관된 Feedback의 중요성

반복 학습과 강화 학습을 통해 아이들은 자기주도 학습 능력을 기르게 됩니다. LLM이 반복적인 데이터를 통해 스스로 학습하는 것처럼, 아이들도 반복 학습을 통해 스스로 문제를 해결하고 행동을 규칙화하는 능력을 발전시킬 수 있습니다. 부모는 이 과정에서 일관된 Feedback을 제공해야 하며, 아이가 스스로 올바른 방향으로 나아가도록 격려해야 합니다.

예를 들어, 아이가 새로운 규범을 배우는 과정에서 부모가 일관되게 Feedback을 제공하면, 아이는 스스로 규범을 내면화하고 다양한 상황에서 응용할 수 있는 능력을 기르게 됩니다. 일관된 Feedback은 아이가 스스로 학습할 수 있는 환경을 조성하고, 반복 학습을 통해 자율적인 학습 능력을 키우는 데 중요한 역할을 합니다.

8. 반복, 강화, 그리고 창의적 학습

아이들의 학습 과정에서 반복, 강화, 그리고 다양한 자극은 매우 중요한 역할을 합니다. LLM이 반복적인 학습을 통해 패턴을 인식하고 새로운 정보를 처리하는 능력을 발전시키는 것처럼, 아이들도 반복 학습을 통해 자신감을 얻고 새로운 개념을 더 잘 이해할 수 있게 됩니다. 특히, 일관성 있는 반복과 강화, 그리고 다양한 학습 자극은 아이들이 학습을 더 재미있고 효과적으로 진행할 수 있도록 돕습니다.

Few-Shot Learning과 Data Augmentation 개념을 아이들의 학습에 적용하면, 적은 기회에서도 핵심 개념을 빠르게 학습하고, 다양한 자극을 통해 창의성을 발휘할 수 있습니다. 부모는 아이들이 실수하고 실패할 수 있는 환경을 제공하며, 그들이 실수로부터 배우도록 도와야 합니다. 이처럼 반복 학습과 강화 학습은 아이들의 자율적이고 창의적인 사고를 키우며, 그들이 사회적 규범과 가치관을 더 깊이 내면화하는 데 중요한 역할을 합니다.

제3장

적절한 Feedback

아이들에게 정보를 다듬어 주는 과정

아이들이 새로운 개념을 배우고, 문제를 해결해 나갈 때 Feedback은 매우 중요한 역할을 합니다. 이는 LLM(Large Language Model)이 학습하는 과정에서 받는 Feedback과 비슷합니다. Feedback은 정보를 수정하고 다듬는 중요한 기회가 되며, 아이들에게도 적절한 Feedback은 그들의 성장을 돕는 핵심 요소입니다. LLM의 다양한 기술적 개선 방식을 아이들의 교육 방식에 적용함으로써, 학습의 질을 높이고 더 나은 성과를 낼 수 있습니다.

1. LLM의 Chain of Thought와 아이들의 사고 과정

LLM에서 Chain of Thought(CoT) 방식은 문제를 단계적으

AI 사고 철학

로 풀어가는 사고 과정입니다. 예를 들어, LLM이 복잡한 수학 문제를 풀 때, 중간 계산 과정을 생략하고 결과만 내놓는 것보다는 각 계산 단계를 하나씩 논리적으로 설명해 나갑니다. 이렇게 하면 더 정확한 답을 얻을 가능성이 높아지고, 사용자는 그 과정 자체를 이해할 수 있습니다.

아이들에게도 이 Chain of Thought 방식을 적용할 수 있습니다. 예를 들어, 수학 문제를 풀 때, 아이가 답을 맞히는 것에만 집착하지 않도록 유도하는 것입니다. "왜 그렇게 생각했어?" 또는 "다음 단계는 어떻게 될 것 같아?"와 같은 질문을 통해 아이가 사고 과정을 명확히 설명하게 하면, 단순히 정답을 외우는 것이 아니라 문제 해결의 논리적 과정을 이해하게 됩니다.

한 아이가 영어 문법을 배우는 상황을 생각해 봅시다. 단순히 문법 규칙을 암기하는 것이 아니라, "왜 주어와 동사가 일치해야 할까?" 같은 질문을 던져보는 겁니다. 이 질문을 통해 아이는 그 문법 규칙이 문장을 명확하게 전달하는 데 필요한 이유를 이해할 수 있게 됩니다. 마치 LLM이 단계별로 사고를 전개해 정확한 답을 도출하는 것처럼, 아이들도 논리적 사고를 통해 더 깊이 있는 학습을 할 수 있습니다.

Chain of Thought 한번 해봐요!

문제 해결 스토리텔링(Collaborative Problem Solving)
문제 해결 스토리텔링은 학생들이 창의적이고 논리적인 사고를 연습하며 협업을 통해 문제를 해결하는 게임입니다. 주어진 문제 상황을 단계적으로 발전시키면서 아이디어를 연결해 해결책을 도출합니다. 각 학생의 참여로 사고의 흐름(Chain of Thought)을 자연스럽게 경험하도록 유도합니다.
– 참여 인원: 4~6명
– 소요 시간: 약 20~30분
– 필요 도구: 화이트보드나 종이와 펜(필수는 아님)
– 역할:
1) 문제 제시자: 첫 번째 문제를 제시합니다.
2) 아이디어 제안자: 순서대로 해결책을 제시합니다.
3) 정리자: 최종 해결책을 정리합니다.

[게임 진행 방법]
– 설정: 교사가 문제 상황을 제시하거나 학생들이 직접 문제를 선택합니다.
   예: "학교 점심시간이 너무 혼잡해서 학생들이 불편해하고 있다."
– 아이디어 제안: 각 학생은 돌아가며 문제를 해결하기 위한 아이디어를 하나씩 제안합니다.
– 첫 번째 학생: "점심시간을 두 그룹으로 나누어 운영하자."
– 두 번째 학생: "주문 시스템을 도입해 배식을 빠르게 하자."

AI 사고 철학

– 세 번째 학생: "자리를 순환제로 지정해 혼잡도를 줄이자."
– 아이디어 연결: 아이디어를 연결하여 해결책의 논리적인 흐름을 만듭니다.
　예: "점심시간을 두 그룹으로 나누되, 미리 앱으로 주문을 받아 배식을 빠르게 한다."
　　"자리 순환제를 도입해 동선 혼잡을 줄인다."
– 토론과 보완: 학생들은 제안된 해결책의 장단점을 토론하며 보완합니다.
　"앱 사용이 어려운 학생들을 위한 대안을 마련해야 해."
　"그룹 나누기를 학년별로 하면 더 효과적일 것 같아."
– 최종 해결책 발표: 정리자가 최종 해결책을 간단하게 요약하여 발표합니다.
　예: "학년별로 점심시간을 두 그룹으로 나누고, 앱을 통해 미리 주문을 받아 배식을 빠르게 한다. 동선을 개선해 혼잡도를 줄인다."

2. LLMOps와 아이들의 지속적인 학습 발전

　LLMOps는 LLM의 성능을 주기적으로 점검하고 개선하는 시스템입니다. 마치 자동차 엔진을 꾸준히 점검하듯, LLM의 데이터와 성능을 지속적으로 분석하고 필요한 부분을 조정하여 모델이 항상 최상의 성능을 발휘할 수 있도록 돕습니다.

아이들의 학습에서도 지속적인 점검이 필요합니다. 예를 들어, 아이가 피아노를 배우고 있다고 가정해 봅시다. 아이가 몇주 동안 손가락 위치를 잘못 사용하고 있다면, 그 문제를 즉시해결하지 않으면 나쁜 습관으로 굳어질 수 있습니다. 부모나선생님은 아이의 연습 과정을 꾸준히 모니터링하고, 필요할 때마다 Feedback을 제공함으로써 실수를 교정할 수 있습니다.

또 다른 예시로, 한 아이가 농구를 배운다고 생각해 봅시다. 아이가 드리블을 연습하는 동안 발이 자꾸 공을 차게 된다면, 코치는 그 문제를 즉시 짚어주고 올바른 방법을 알려줘야 합니다. 이것은 마치 LLMOps가 LLM의 성능을 점검하고 필요한 부분을 수정하는 것과 같습니다. 이처럼 지속적인 Feedback과 모니터링은 아이들이 더 나은 학습 습관을 기르고, 실수를 반복하지 않도록 도와줍니다.

3. Data Mart 개선과 학습 데이터의 정리

LLM에서 Data Mart는 특정한 목적에 맞춰 데이터를 저장하고 관리하는 시스템입니다. 이를 지속적으로 개선하여 더적합한 데이터를 제공하면, 모델의 성능도 향상됩니다. 예를들어, LLM이 사용자에게 더 좋은 답을 제공하기 위해 새로운데이터를 추가하고, 기존 데이터를 더 세밀하게 분류하여 학습 성능을 높일 수 있습니다.

아이들의 학습에도 정보 정리가 필수적입니다. 예를 들어, 역사 수업에서 여러 사건과 인물을 배우는 과정에서, 아이가 혼동을 겪는 경우가 있습니다. 이때 부모나 선생님이 사건을 정리해서 다시 설명해 주면, 아이는 더 쉽게 내용을 이해할 수 있습니다. 마치 Data Mart에서 데이터를 개선하는 것처럼, 아이가 혼란을 느낄 때마다 정보를 정리해 주는 것이 필요합니다.

재미있는 예시로, 아이가 세계 지도 공부를 할 때, 여러 나라의 위치를 헷갈릴 수 있습니다. 이때, 부모는 나라별로 색을 구분하고, 특징을 강조하는 방식으로 데이터를 시각적으로 정리해 줄 수 있습니다. 이렇게 명확한 정보 정리는 아이가 기억하고 학습하는 데 큰 도움을 줄 수 있습니다. LLM이 더 정교한 데이터를 학습함으로써 성능을 높이듯, 아이들도 정리된 정보를 통해 더 나은 이해를 얻게 됩니다.

4. Data Cleansing과 학습 오류 수정

Data Cleansing은 잘못된 데이터나 불필요한 데이터를 제거하여 모델이 더 정확한 정보를 학습할 수 있게 돕는 작업입니다. 잘못된 데이터가 계속해서 모델에 남아 있으면, 그 모델은 잘못된 정보를 바탕으로 답을 도출할 가능성이 높아집니다. 이 과정에서 잘못된 데이터가 걸러지고, 정제된 정보만을 학습함으로써 LLM의 성능이 크게 향상됩니다.

아이들의 학습에서도 오류 수정이 중요합니다. 예를 들어, 아이가 영어 단어를 잘못된 철자로 계속해서 쓰고 있다면, 그 오류를 바로잡지 않으면 잘못된 방식이 굳어질 수 있습니다. 부모나 선생님이 그 잘못된 철자를 바로잡아 줌으로써, 아이는 더 올바르게 학습할 수 있습니다.

또 다른 예시로, 아이가 자전거를 탈 때 자꾸 페달을 반대로 돌린다고 가정해 봅시다. 이 문제를 해결하지 않으면, 아이는 페달을 제대로 돌리는 방법을 익히지 못할 것입니다. Data Cleansing처럼, 아이들이 실수한 부분을 발견하고 즉시 수정해 주는 것이 중요합니다. 이를 통해 아이는 잘못된 습관을 고치고, 더 나은 방식으로 학습할 수 있습니다.

5. CICD와 지속적인 학습 개선

CICD(Continuous Integration/Continuous Deployment)는 모델이 지속적으로 새로운 데이터를 학습하고 성능을 향상시키는 과정을 의미합니다. LLM은 지속적으로 새로운 데이터를 받아들여 학습을 개선하며, 이를 통해 더 정확하고 효율적인 답변을 제공합니다.

아이들의 학습에도 지속적인 개선이 필요합니다. 예를 들어, 아이가 새로운 수학 공식을 배웠을 때, 그 공식을 기존에 배운 다른 개념과 어떻게 연결되는지를 반복해서 학습할 필요가 있습니다. 부모나 선생님은 새로운 정보가 기존 정보와 어떻게 연관되는지를 지속적으로 점검하고 설명해 줌으로써 아이의 학습을 더욱 발전시킬 수 있습니다.

예를 들어, 아이가 곱셈을 배운 후, 이를 기존에 배운 덧셈과 연결해서 사고할 수 있도록 도와주는 과정이 필요합니다. 곱셈을 여러 번의 덧셈으로 풀어내면서 아이는 이 두 개념 간의 관계를 더 명확히 이해하게 됩니다. 이는 LLM이 지속적으로 데이터를 업데이트하고, 그에 따라 성능이 개선되는 CICD와 같은 방식입니다.

CICD 한번 해봐요!

CI/CD 경험 게임(Collaborative CI/CD Simulation)

CI/CD 경험 게임은 학생들이 소프트웨어 개발과 지속적 통합/배포(CI/CD) 과정을 간접적으로 체험할 수 있는 협업 게임입니다. 소프트웨어 개발, 테스트, 빌드, 배포의 흐름을 팀별로 나누어 각 단계에서 협력하고 문제를 해결하며 프로젝트를 성공적으로 완성하도록 유도합니다.

- 참여 인원: 6~8명
- 소요 시간: 약 30~40분
- 필요 도구: 화이트보드, 종이와 펜, 스티커나 포스트잇
- 역할:
  1) 개발자: 코드 기능(아이디어)을 작성합니다.
  2) 테스터: 작성된 기능의 문제점을 발견하고 개선 방안을 제시합니다.
  3) 빌드 관리자: 모든 기능을 통합해 최종 프로그램을 준비합니다.
  4) 배포 관리자: 최종 프로그램을 사용자에게 전달하고 의견을 수집합니다.

[게임 진행 방법]
- 문제 설정: 교사가 주제를 제시하거나 학생들이 소프트웨어 아이디어를 결정합니다.
  예: "학교에서 사용할 시간표 관리 앱 만들기"
- 핵심 기능: "시간표 추가/삭제", "과목별 알림 설정", "과제 관리"
- 역할 분배: 학생들은 개발자, 테스터, 빌드 관리자, 배포 관리자 역할을 나누어 맡습니다. 한 역할은 2명 이상이 담당할 수 있습니다.
- 기능 개발(개발자)
  개발자는 각자 기능(예: 시간표 추가 기능)을 설계하고 스티커에 간단히 작성합니다.

작성된 기능은 "기능 작성 완료" 칸에 붙입니다.

- 기능 테스트(테스터)

  테스터는 개발자가 작성한 기능의 오류를 찾아 수정 요청 스티커를 작성해 반환합니다.

  예: "시간표 추가 시 월요일이 빠지는 오류가 발생함."

- 기능 통합(빌드 관리자)

  모든 수정된 기능을 빌드 관리자가 종합하여 하나의 프로그램으로 만듭니다.

  각 기능이 연결되는 논리적 흐름을 점검합니다.

  예: "시간표 관리 → 과목별 알림 → 과제 추가"

- 배포 및 Feedback(배포 관리자)

  배포 관리자는 완성된 프로그램을 시뮬레이션으로 다른 팀에 소개하고, 개선 Feedback을 수집합니다.

  수집된 Feedback을 개발자에게 전달하며 게임을 종료합니다.

- 문제 설정: 교사가 문제 상황을 제시하거나 학생들이 직접 문제를 선택합니다.

  예: "학교 점심시간이 너무 혼잡해서 학생들이 불편해하고 있다."

6. Feedback Loop와 학습 강화

LLM에서 Feedback Loop는 모델이 스스로 학습 과정을 점검하고, 잘못된 데이터를 수정하여 점차 성능을 향상시키는 방식입니다. 모델이 학습한 내용을 반복해서 점검하고, 잘못된 답변을 도출할 때마다 그에 대한 Feedback을 반영하여 점점 더 정교한 답을 내놓습니다.

아이들에게도 반복적인 Feedback 루프가 필요합니다. 예를 들어, 아이가 피아노를 배울 때 잘못된 연주 방법을 계속해서 사용하면, 그 문제를 즉시 교정해 주는 것이 중요합니다. Feedback을 즉시 제공하여 아이가 잘못된 방식으로 연주하지 않도록 도와주면, 아이는 올바른 연주법을 익힐 수 있습니다.

또 다른 예시로, 아이가 과학 실험에서 자꾸 실수한다면 그 실수를 바로잡아 주고 그 실험을 다시 해보도록 유도하는 것이 필요합니다. 마치 LLM의 Feedback Loop가 잘못된 답변을 수정하며 성능을 개선하는 것처럼, 아이도 실수를 교정하고 그 경험을 반복해서 학습의 질을 높일 수 있습니다.

7. Active Learning과 문제 해결 능력 향상

Active Learning은 LLM이 학습할 때, 중요한 데이터를 선택적으로 학습하는 방식입니다. 이를 통해 모델은 필요한 데이터를 효율적으로 학습하고, 불필요한 데이터를 제거함으로써 더 나은 성과를 거둘 수 있습니다.

아이들의 학습에서도 능동적인 학습 방식이 중요합니다. 예를 들어, 아이에게 "이 문제를 어떻게 해결할 수 있을까?"라는 질문을 던져 스스로 답을 찾도록 유도하는 것입니다. 이때 아이가 단순히 답을 외우는 것이 아니라, 문제 해결 과정을 스스로 탐구하도록 유도하면, 학습 능력이 크게 향상됩니다.

재미있는 사례로, 아이가 레고로 창의적인 건물을 만드는 상황을 상상해 봅시다. 단순히 매뉴얼대로 조립하는 대신, "이 조각을 다르게 배치하면 어떤 모습이 될까?"라는 질문을 던져 아이가 스스로 문제를 해결해 보도록 유도하면, 창의적 사고를 기를 수 있습니다. 이는 Active Learning처럼, 아이가 스스로 중요한 데이터를 선택하고 이를 학습하는 방식과 유사합니다.

8. 지속적인 Feedback과 학습 개선의 힘

LLM이 다양한 Feedback 시스템과 지속적인 개선 과정을 통해 성능을 향상시키는 것처럼, 아이들도 학습 과정에서 지속적인 Feedback과 반복적인 개선을 통해 더 나은 성과를 이룰 수 있습니다. Chain of Thought, LLMOps, Data Mart 개선, Data Cleansing, CICD, Feedback Loop, Active Learning 등은 모두 아이들의 학습을 지속적으로 발전시키는 데 중요한 개념들입니다.

부모나 교사는 아이들이 실수할 때 그 실수를 두려워하지 않도록 격려하며, 즉각적이고 구체적인 Feedback을 제공함으로써 그들이 스스로 문제를 해결하고 성장할 수 있도록 도와주어야 합니다. 이를 통해 아이들은 비판적 사고와 자기주도 학습 능력을 키우고, 끊임없이 학습의 질을 높여나갈 수 있습니다.

제4장

개인화된 학습

각 아이에게 맞춘 교육 전략

아이들은 저마다 다른 학습 스타일과 속도를 가지고 있습니다. 어떤 아이에게 효과적인 학습 방식이 다른 아이에게는 전혀 맞지 않을 수 있습니다. 마치 LLM(Large Language Model)이 다양한 사용자 요청에 맞춤형 응답을 제공하는 것처럼, 아이들에게도 각자에게 맞춘 학습 전략이 필요합니다. 개인화된 학습은 아이들의 강점과 약점, 그리고 학습 스타일에 맞게 교육을 조정함으로써 더 나은 결과를 가져올 수 있습니다. 이번 장에서는 LLM의 다양한 기술을 예시로 들어, 이를 아이들의 교육에 어떻게 적용할 수 있는지 살펴보겠습니다.

AI 사고 철학

1. LLM의 Persona와 아이들의 학습 맞춤화

Persona는 LLM이 각 사용자에게 개인화된 응답을 제공하기 위해 사용되는 기술 중 하나입니다. LLM은 사용자의 성향, 관심사, 질문의 방식 등을 분석하여 그에 맞는 답변을 제공합니다. 예를 들어, 어떤 사용자는 간단한 설명을 선호할 수 있고, 다른 사용자는 더 깊이 있는 정보를 원할 수 있습니다. LLM은 사용자의 요구에 맞춰 응답을 개인화합니다.

이와 마찬가지로, 아이들의 학습에서도 개별적인 성향을 반영한 맞춤형 전략이 필요합니다. 예를 들어, 한 아이는 시각적 학습 자료를 선호할 수 있습니다. 이 경우 부모는 시각적인 학습 도구를 제공하고, 이미지를 통해 정보를 전달하는 방식으로 학습을 진행해야 합니다. 반면, 또 다른 아이는 실제 경험을 통해 배울 때 더 효과적일 수 있습니다. 이 경우, 부모는 아이가 직접 무언가를 만들어보거나 실험해 볼 수 있는 기회를 제공하는 것이 중요합니다.

LLM의 Persona 기술처럼, 부모는 아이의 학습 스타일을 분석하고, 이를 반영하여 학습 전략을 조정해야 합니다. 이를 위해 부모는 아이와 함께 다양한 방식의 학습을 시도해 보고, 아이가 어떤 방식에서 더 집중하고 즐거움을 느끼는지 관찰해야 합니다.

2. Embeddings와 학습 스타일 분석

Embeddings는 LLM에서 데이터를 다차원적으로 표현하여, 사용자의 요구에 맞게 다양한 정보를 연결하고 추출하는 기술입니다. 이 기술은 사용자의 질문에 대한 맥락을 이해하고, 연관된 데이터를 추출하여 보다 정확한 답변을 제공합니다.

아이들의 학습에서도 이와 비슷한 접근을 사용할 수 있습니다. 각 아이는 특정한 학습 스타일이나 패턴을 가지고 있으며, 이를 분석하여 다양한 방식으로 연결된 정보를 제공할 수 있습니다. 예를 들어, 창의적인 사고가 뛰어난 아이는 문제 해결을 시각적으로 접근하는 것을 선호할 수 있습니다. 이때 부모는 수학 문제를 그림으로 표현하거나, 창의적인 방법으로 개념을 시각화해 아이가 더 쉽게 이해할 수 있도록 돕습니다.

또한, 논리적 사고가 강한 아이는 논리 퍼즐이나 복잡한 문제를 통해 자신감을 얻을 수 있습니다. 이 경우, 부모는 아이에게 단계적으로 더 복잡한 문제를 제공함으로써 아이가 도전 의식을 가지고 문제를 해결하는 즐거움을 느끼게 할 수 있습니다. 마치 Embeddings 기술이 정보를 다차원적으로 연결하는 것처럼, 부모는 아이의 학습 스타일에 맞는 다양한 도구와 자료를 제공해야 합니다.

AI 사고 철학

3. Transfer Learning과 학습 속도 조절

Transfer Learning은 LLM이 기존에 학습한 지식을 새로운 문제에 적용하는 방식으로, 한 분야에서 배운 것을 다른 분야에 쉽게 연결하여 더 효율적으로 학습할 수 있도록 돕는 기술입니다. 아이들의 학습에서도 이 개념은 매우 유용합니다. 기존에 배운 지식을 기반으로 새로운 개념을 이해하는 과정은 학습을 보다 빠르고 효율적으로 만들어 줍니다.

예를 들어, 한 아이가 곱셈을 배웠다면, 이를 통해 나중에 배울 분수나 비율 같은 개념을 더 쉽게 이해할 수 있습니다. 이때 부모는 아이에게 곱셈과 비율 사이의 연결점을 설명해 주며, 아이가 기존에 배운 지식을 확장해 나갈 수 있도록 도와줄 수 있습니다. 이는 Transfer Learning과 같은 방식으로, 이미 학습된 내용을 바탕으로 새로운 지식을 연결하는 방식입니다.

또한, 아이의 학습 속도는 각기 다릅니다. 어떤 아이는 새로운 개념을 매우 빨리 이해하지만, 다른 아이는 여러 번 반복학습이 필요할 수 있습니다. 부모는 아이의 학습 속도에 맞추어 적절한 시기에 새로운 정보를 제공하거나, 반복 학습을 통해 아이가 충분히 이해할 수 있도록 도와줘야 합니다.

4. Few-Shot Learning과 맞춤형 과제 제공

Few-Shot Learning은 LLM이 소수의 예시만 보고도 새로운 문제를 해결할 수 있는 기술입니다. 즉, 적은 양의 학습 데이터를 바탕으로 다양한 문제를 해결할 수 있는 능력을 발휘합니다. 이와 같은 원리는 아이들의 학습에서도 적용될 수 있습니다. 어떤 아이는 적은 예시나 간단한 설명만으로도 새로운 개념을 빠르게 이해할 수 있습니다.

예를 들어, 한 아이가 수학 문제를 푸는 과정에서 몇 가지 예시만을 보고도 새로운 문제에 쉽게 적응할 수 있는 경우, 부모는 그 아이에게 더 도전적인 문제를 제공할 수 있습니다. 반면, 다른 아이는 여러 번의 예시와 자세한 설명이 필요할 수 있습니다. 부모는 각 아이의 이해도를 파악한 후, 적절한 과제의 난이도를 조정하여 맞춤형 학습을 제공해야 합니다.

이러한 방식은 아이의 자신감을 높이고, 그들이 도전적인 문제에도 흥미를 잃지 않도록 합니다. 마치 LLM이 Few-Shot Learning을 통해 적은 데이터를 바탕으로도 효율적으로 문제를 해결하는 것처럼, 아이들에게도 맞춤형 과제를 제공함으로써 각자의 학습 능력을 최대로 끌어올릴 수 있습니다.

5. GPT의 개인화된 사용과 맞춤형 학습 응용

GPT는 사용자가 원하는 스타일이나 목적에 따라 다른 방식으로 학습 내용을 맞춤형으로 제공할 수 있습니다. 예를 들어, 교육용 GPT 모델은 학생의 학습 진도를 분석하고, 그에 맞는 수준의 학습 문제를 제안하는 방식으로 사용될 수 있습니다. 이때 GPT는 학생의 현재 수준을 파악하고, 과거의 답변을 기반으로 더 높은 수준의 질문을 던져 지속적인 도전을 유도합니다.

비슷하게, 아이들의 학습에도 이러한 맞춤형 Feedback 시스템을 도입할 수 있습니다. 예를 들어, 한 아이가 수학에서 특정 주제를 잘 이해하지 못하면, 그 주제에 맞춘 다양한 연습 문제를 제공하고, 점차 난이도를 높여 아이가 점진적으로 더 어려운 문제를 해결할 수 있도록 유도할 수 있습니다. 이런 식으로 학습을 개인화함으로써 아이가 더 깊이 있는 학습을 경험하고, 학습 과정에서 동기 부여를 받을 수 있습니다.

또한, 아이가 특정 주제에 대한 관심을 보일 때, 그 주제에 맞춰 학습 자료를 제공하는 것도 효과적입니다. 예를 들어, 한 아이가 자연과학에 관심이 있다면, 과학 실험 관련 자료나 다큐멘터리를 통해 흥미를 자극할 수 있습니다. 이는 마치 GPT가 사용자의 질문에 따라 맞춤형 답변을 제공하는 것과 같은 원리입니다.

6. Fine-Tuning된 AI 서비스와 아이들의 학습 지원

Fine-Tuning은 LLM이 특정 목적에 맞춰 더욱 세밀하게 조정될 수 있도록 학습을 미세하게 조정하는 과정입니다. 이를 통해 GPT는 사용자의 특정한 요구에 더욱 정교하게 대응할 수 있게 되며, 특정 도메인에서 더 우수한 성능을 발휘할 수 있습니다. 이와 유사하게, 아이들의 학습도 특정한 목표에 맞추어 더욱 개인화된 방식으로 조정될 수 있습니다.

예를 들어, 현재 다양한 AI 기반 서비스들이 특정 도메인에 맞춘 Fine-Tuning된 모델을 통해 높은 성과를 내고 있습니다. 몇 가지 대표적인 AI 서비스를 살펴보면:

Grammarly: GPT 기반의 AI가 문법 및 글쓰기 스타일에 맞춘 Feedback을 제공하는 서비스로, 사용자가 자신의 글을 보다 세밀하게 다듬을 수 있도록 돕습니다. 이 서비스는 단순한 문법 검사만을 제공하는 것이 아니라, 사용자의 글쓰기 스타일에 맞춘 Feedback을 제공합니다.

Duolingo: GPT 기반의 AI가 언어 학습을 지원하는 서비스로, 사용자 수준에 맞게 학습을 개인화하며, 다양한 퀴즈와 실습을 통해 언어 학습 경험을 최적화합니다. Duolingo는 사용자가 학습한 내용을 바탕으로 다음 학습 단계를 조정하여 더욱 효율적으로 언어를 습득할 수 있게 합니다.

Replika: 이 서비스는 GPT 모델을 Fine-Tuning하여 사용자와의 감정적 교류에 맞춘 대화를 제공합니다. 사용자의 성향에 맞게 맞춤형 대화 경험을 제공함으로써, 정서적 지지를 제공하거나 사용자의 감정을 반영한 응답을 생성합니다.

이와 같은 방식으로 Fine-Tuning된 AI는 특정 사용자의 필요에 맞추어 최적의 결과를 제공할 수 있으며, 아이들의 학습에서도 비슷한 원리를 적용할 수 있습니다. 예를 들어, 특정한 분야에 흥미가 있는 아이에게는 더 세부적이고 심화된 자료를 제공하고, 필요한 학습 수준에 맞춘 다양한 연습 문제를 통해 학습을 지원할 수 있습니다. 마치 AI 서비스가 Fine-Tuning을 통해 맞춤형 경험을 제공하는 것처럼, 아이들의 개별적 학습 요구에 맞춰 교육 자료를 조정하는 것이 매우 중요합니다.

7. GPT의 개인화된 사용과 맞춤형 학습 응용

GPT는 여러 형태로 사용자에게 맞춤형 서비스를 제공할 수 있습니다. 예를 들어, 교육용 GPT 모델은 학생의 학습 진도를 분석하고, 그에 맞는 수준의 학습 문제를 제안하는 방식으로 사용될 수 있습니다. 이때 GPT는 학생의 현재 수준을 파악하고, 과거의 답변을 기반으로 더 높은 수준의 질문을 던져 지속적인 도전을 유도합니다.

비슷하게, 아이들의 학습에도 이러한 맞춤형 Feedback 시스템을 도입할 수 있습니다. 예를 들어, 한 아이가 수학에서 특정 주제를 잘 이해하지 못하면, 그 주제에 맞춘 다양한 연습 문제를 제공하고, 점차 난이도를 높여 아이가 점진적으로 더 어려운 문제를 해결할 수 있도록 유도할 수 있습니다. 이런 식으로 학습을 개인화함으로써 아이가 더 깊이 있는 학습을 경험하고, 학습 과정에서 동기 부여를 받을 수 있습니다.

또한, 아이가 특정 주제에 대한 관심을 보일 때, 그 주제에 맞춰 학습 자료를 제공하는 것도 효과적입니다. 예를 들어, 한 아이가 자연과학에 관심이 있다면, 과학 실험 관련 자료나 다큐멘터리를 통해 흥미를 자극할 수 있습니다. 이는 마치 GPT가 사용자의 질문에 따라 맞춤형 답변을 제공하는 것과 같은 원리입니다.

8. 맞춤형 학습 전략과 개인화된 교육의 힘

LLM, 특히 GPT와 같은 기술은 Fine-Tuning, Prompt Engineering, Persona 등을 통해 사용자에게 맞춤형 응답

을 제공할 수 있으며, 이는 교육에도 중요한 시사점을 제공합니다. 아이들의 학습에서도 이와 같은 원리를 적용해 개인화된 학습 전략을 제공함으로써, 각 아이가 가진 고유의 학습 스타일과 성향을 최대한으로 활용할 수 있습니다.

부모나 교사는 아이들의 학습 목표를 이해하고, 그에 맞는 학습 전략을 제공함으로써 아이들이 지속적으로 성장할 수 있도록 도와야 합니다. 맞춤형 학습은 단순히 효율성을 높이는 것뿐만 아니라, 아이들이 스스로 학습하는 동기를 부여하고, 자신만의 학습 방법을 발견하는 데 큰 도움을 줄 것입니다.

Fine-Tuning된 AI 서비스와 LLM의 개인화된 응답은 아이들의 교육에 더 나은 맞춤형 학습 경험을 제공하는 데 유용한 참고가 될 수 있으며, 이를 통해 아이들은 단순히 지식을 얻는 것이 아니라, 자기 주도적 학습과 비판적 사고를 기를 수 있게 될 것입니다.

제5장

실패와 학습

잘못된 데이터의 처리와 아이들의 실수

1. LLM이 잘못된 데이터를 처리하는 방법과 교정 메커니즘

　LLM은 방대한 데이터를 학습하면서 실수할 수 있습니다. 특히 Hallucination(환각)이라 불리는 현상은 모델이 잘못된 정보를 생성하는 경우를 뜻합니다. 예를 들어, LLM이 '사과는 파란색이다'와 같은 잘못된 정보를 제공할 수 있습니다. 이는 훈련 데이터가 부족하거나 오류가 있을 때 발생합니다.

　이를 방지하기 위해 AI 기업들은 Fine-tuning(파인튜닝)을 사용하여 모델의 성능을 보정하고, Prompting Method로 모델이 더 나은 출력을 낼 수 있도록 조정합니다. 이러한 과정은 부모가 아이에게 정보를 제공하고 올바른 방향으로 이끌어주

　　　　　　　　　　　　　　　AI 사고 철학

는 것과 유사합니다.

예를 들어, 아이가 '사과'를 잘못 배워 파란색으로 그렸다면, 부모는 즉각적으로 지적하기보다는 "왜 사과를 파란색으로 그렸을까?"라고 물어봅니다. 이렇게 질문을 통해 아이가 스스로 오류를 깨닫고 수정할 수 있게 도울 수 있습니다. 이는 LLM의 ReAct(Reason and Act) 기법과 비슷한 방식입니다.

육아에서 자주 볼 수 있는 또 다른 사례는, 아이가 처음 동물의 이름을 배울 때 강아지와 고양이를 혼동하는 것입니다. 아이가 강아지를 보고 "고양이"라고 말할 때, 부모는 "왜 고양이라고 생각했니?"라고 물어, 아이가 스스로 차이를 이해하게 합니다. 이는 LLM이 잘못된 데이터를 교정하는 과정과 유사합니다.

2. 실수를 학습의 기회로 삼기

실수는 아이들의 학습에서 필연적입니다. LLM이 새로운 데이터를 학습하면서 실수를 교정하고 발전하는 것처럼, 아이들도 실수를 통해 더 나은 방법을 배웁니다. 중요한 점은 실수를 실패로 여기기보다는 학습의 기회로 삼는 것입니다.

예를 들어, 아이가 초록색 과일을 모두 사과라고 부르면, 이는 색상과 과일의 차이에 대한 개념이 명확하지 않다는 신호

입니다. 부모는 "왜 이 과일이 사과라고 생각했니?"라고 물어, 아이가 스스로 차이를 인식하도록 도울 수 있습니다. 실수를 교정하면서 긍정적인 Feedback을 주는 것이 중요한데, 이는 아이의 자신감을 키우고, 학습의 과정으로 실수를 받아들이게 합니다.

또한, 아이가 옷을 앞뒤로 잘못 입었을 때도 비슷한 방법을 사용할 수 있습니다. "왜 이렇게 입었을까?"라고 물어보면, 아

AI 사고 철학

이는 자신의 실수를 인식하고 고쳐 입을 수 있는 기회를 갖게 됩니다. 이처럼 실수는 아이가 자신감을 가지고 더 나은 결정을 내리는 데 중요한 역할을 합니다.

3. 실수에서 배우는 힘을 키우는 법

LLM이 Fine-tuning을 통해 성능을 점차 개선하듯, 아이

들도 실수를 통해 점점 더 나은 결정을 할 수 있습니다. 부모는 아이가 실수를 했을 때 "틀렸어"라고 말하는 대신 "어떻게 더 잘할 수 있을까?"라는 격려를 통해 아이의 자기 주도적 학습을 촉진할 수 있습니다.

예를 들어, 아이가 퍼즐을 풀다가 중간에 실수했을 때, "틀렸네"라고 말하기보다는 "이 부분은 어떻게 하면 맞출 수 있을까?"라고 물어보는 방식이 더 효과적입니다. 이를 통해 아이는 실수를 학습의 일부로 받아들이고, 문제 해결 능력을 키워갈 수 있습니다.

또 다른 예시는 놀이 과정에서 사회적 규칙을 배우는 상황입니다. 아이가 친구와 놀이 중 순서를 지키지 않았다면, "네 차례가 아니야"라고 바로 지적하는 것보다 "순서를 지키면 모두가 더 재미있을 수 있지 않을까?"라는 질문을 던지는 것이 효과적입니다. 이처럼 부모는 실수를 교정할 기회를 제공하며, 아이가 스스로 규칙을 이해하도록 돕습니다.

4. LLM과 아이의 차이점: 인간적 감정과 상호작용의 중요성

LLM과 아이의 학습 방식에는 본질적인 차이가 존재합니다. LLM은 기계적인 패턴 인식을 통해 데이터를 처리하는 반면, 아이들은 감정적 경험과 사회적 상호작용을 통해 세상을

배웁니다. LLM은 주어진 데이터만을 기반으로 학습을 진행하지만, 아이들은 주변 환경과 타인과의 관계 속에서 감정적으로 학습하며 성장합니다.

예를 들어, 부모가 아이에게 '사과'라는 개념을 가르칠 때 단순히 사과의 모양과 이름을 전달하는 것만이 아니라, 웃는 표정으로 사과를 건네는 과정에서 긍정적인 감정도 함께 전달됩니다. 아이는 이처럼 부모의 표정, 목소리 톤, 그리고 행동을 통해 학습을 하고, 사과라는 대상뿐만 아니라 사회적 의미와 정서적 연결까지 이해하게 됩니다. 이는 아이가 단순히 정보를 습득하는 것 이상의 의미를 가지며, 세상을 감정적으로 이해하는 능력을 키우는 과정입니다.

또한, 아이는 사람들과의 상호작용을 통해 공감과 관계의 중요성을 배웁니다. 예를 들어, 아이가 친구와의 놀이에서 실수를 하더라도, 부모가 긍정적인 Feedback을 주고, 그 실수를 통해 친구와 더 나은 관계를 형성할 수 있는 방법을 가르친다면, 아이는 사회적 규칙과 감정적 조화를 배우게 됩니다. 이처럼 아이의 학습 과정은 단순한 정보 전달을 넘어서는 정서적 경험을 포함하며, 이는 LLM의 기계적 학습과는 큰 차이를 보입니다.

5. 주의사항: 인간적인 감정과 연결을 무시하지 말아야 한다.

아이들은 LLM처럼 단순한 오류 교정을 통해 성장하는 것이 아니라, 정서적 지원과 사회적 상호작용이 필수적입니다. 예를 들어, 아이가 수학 문제를 틀렸을 때 단순히 교정하는 것만으로는 충분하지 않습니다. "괜찮아, 다시 시도해 보자"라는 격려와 함께 아이에게 자신감을 심어주는 것이 중요합니다. 이러한 정서적 지원은 아이가 실수를 두려워하지 않고, 실패를 학

AI 사고 철학

습의 일환으로 받아들이는 데 중요한 역할을 합니다.

　LLM과는 달리, 아이들은 학습을 감정적으로 경험합니다. 부모와 교사의 반응은 아이의 자아 형성과 학습 동기 부여에 큰 영향을 미칩니다. 아이가 실수를 하더라도, 긍정적인 Feedback과 격려를 통해 실수에서 배우고, 다시 도전할 수 있도록 감정적 연결을 제공하는 것이 중요합니다. 예를 들어, 아이가 퍼즐을 풀다가 포기하려 할 때, "너라면 할 수 있어"라는 말 한마디는 아이가 다시 시도하고, 그 과정을 통해 성취감을 느끼도록 도와줍니다.

또한, 아이들은 부모와의 신뢰 관계를 통해 실수에서 배우는 법을 익히게 됩니다. 아이가 문제를 풀지 못했을 때, 단순한 해결책을 제시하기보다는 함께 시간을 보내며 문제를 풀어나가는 과정을 공유하면, 아이는 단순한 지식 이상의 것을 배우게 됩니다. 이를 통해 아이는 문제 해결 능력뿐만 아니라, 정서적 지지와 관계의 중요성을 깨닫게 됩니다. 이는 LLM의 학습 방식과는 본질적으로 다르며, 아이가 감정적으로 성장할 수 있는 중요한 기초가 됩니다.

따라서, 부모와 교사는 아이들이 실수를 통해 성장할 수 있도록 정서적 지원을 제공하고, 사회적 상호작용을 통해 아이들이 자신감을 갖고 학습을 지속할 수 있도록 돕는 것이 필수적입니다. LLM이 단순히 데이터를 기반으로 학습하는 것과 달리, 아이는 주변 사람들과의 상호작용을 통해 더 깊이 있는 학습을 이루며, 이를 통해 더 넓은 세상을 이해해 나갑니다.

AI 사고 철학

제6장

창의력 계발

데이터 이상의 것을 배우기

1. 패턴을 넘어선 사고: LLM의 한계와 아이의 창의적 가능성

LLM은 방대한 데이터를 학습하여 그 안에서 패턴을 찾아냅니다. 이를 바탕으로 예측과 생성을 통해 다양한 문장을 만들어낼 수 있지만, 이는 기본적으로 기존 데이터에 의존하는 구조입니다. 예를 들어, LLM은 "사과"라는 단어가 등장하는 여러 문장에서 공통적인 의미를 도출할 수 있지만, 새로운 맥락이나 개념을 스스로 창조하지는 못합니다. 이는 LLM이 학습한 정보의 범위 내에서만 답을 도출할 수 있기 때문입니다.

반면, 아이들은 기존에 학습한 패턴을 뛰어넘어 창의적인 사고를 할 수 있습니다. 예를 들어, 블록 놀이를 할 때 단순히

AI 사고 철학

탑을 쌓는 것에 그치지 않고, 블록을 비행기나 동물로 상상하며 새로운 형태의 놀이를 창조해 낼 수 있습니다. 이러한 창의성은 단순한 정보 축적이 아닌, 감각과 경험을 통해 길러지는 것입니다.

부모는 아이가 정해진 답에 의존하기보다는 다양한 해결책을 탐구할 수 있는 환경을 제공해야 합니다. 예를 들어, 블록을 쌓는 놀이에서 "이 블록으로 무엇을 만들고 싶니?"라는 질문을 던지면, 아이는 고정된 답이 아닌 자신의 상상에 따라 창의적으로 사고하게 됩니다. 실패에 대한 두려움을 없애고, 다양한 시도를 장려하는 환경이 창의적 사고를 키우는 핵심입니다.

결국, LLM은 데이터 기반의 패턴 분석에 뛰어난 반면, 아이들은 감각과 경험을 바탕으로 새로운 가능성을 탐구하고 창의적인 해결책을 만들어냅니다. 부모는 아이가 스스로 문제를 해결하고, 창의적으로 사고할 수 있도록 지원해 주고 개방적인 환경을 조성해야 합니다.

---

2. 창의적 사고를 키우는 환경 조성

LLM은 주어진 데이터 내에서만 새로운 문장을 생성하거나 답변을 만들어냅니다. 기존 데이터의 조합에 의존하는 만큼, 완전히 새로운 개념이나 패턴을 창조하는 데는 한계가 있습니다. LLM이 특정 질문에 대해 답을 할 수는 있지만, 문제를 재정의하거나 독창적으로 해결하는 능력은 없습니다. 이와 달리, 아이들은 학습된 데이터에 얽매이지 않고 스스로 다양한 아이디어를 창출할 수 있습니다.

아이들이 창의성을 발휘하려면 자유롭고 유연한 환경이 필수적입니다. 부모는 "이 블록으로 무엇을 만들고 싶니?"와 같은 열린 질문을 던져 아이가 다양한 시도를 해보도록 격려할 수 있습니다. 이때 중요한 것은 아이가 실패를 두려워하지 않고, 실수를 통해 배우는 과정을 경험할 수 있도록 하는 것입니다. LLM은 잘못된 출력을 오류로 처리하지만, 아이들은 실패를 학습의 기회로 삼아 창의성을 키울 수 있습니다.

창의적 사고를 촉진하는 방법 중 하나는 열린 문제 제시입니다. 예를 들어, 퍼즐을 맞출 때 "이 조각을 어디에 넣어야 할까?"라는 질문 대신, "어디에 넣으면 좋을까?"라고 물어보면 아이는 다양한 가능성을 탐구하게 됩니다. 이러한 열린 질문은 아이가 더 자유롭게 사고하고, 스스로 문제를 해결하는 기회를 제공합니다.

결국, 아이들의 창의적 사고를 키우기 위해서는 규칙을 강요하지 않고 자유롭게 탐구할 수 있는 환경을 제공하는 것이 중요합니다. 부모가 다양한 시도를 지지하고, 아이가 실패를 경험하더라도 다시 도전할 수 있는 용기를 북돋아 준다면, 아이들은 더 깊고 독창적인 사고를 통해 성장할 수 있습니다.

3. 상상력의 힘: 데이터를 넘어선 상상 놀이

LLM은 방대한 데이터를 분석해 기존 정보의 패턴을 조합하여 새로운 답변을 생성합니다. 하지만 이는 데이터에 기반한 조합일 뿐, 진정한 상상력과는 거리가 있습니다. LLM은 주어진 정보 내에서만 작동하며, 새로운 규칙을 창조하거나 직관적으로 문제를 해결하지는 못합니다. 반대로, 아이들은 제한된 정보 속에서도 자신만의 세계를 창조해 냅니다. 예를 들어, 아이는 블록을 단순한 건축물이 아니라, 우주선, 동물, 성 등으로 상상해 새로운 놀이를 만들어냅니다.

아이들은 놀이를 통해 상상력과 창의력을 자연스럽게 발달시킵니다. 부모는 아이가 다양한 상상 놀이를 할 수 있도록 지지하고 격려해야 합니다. 예를 들어, "이 장난감을 사용해 무엇을 만들고 싶니?"라는 질문은 아이가 새로운 규칙과 이야기를 만들어내는 기회를 제공하며, 상상력의 폭을 넓혀줍니다. LLM이 기존 데이터를 조합해 답을 도출하는 것과 달리, 아이들은 놀이와 상상력을 통해 전혀 새로운 세계와 규칙을 창조할 수 있습니다.

아이의 상상력을 자극하기 위해 부모는 이야기 만들기 활동을 활용할 수 있습니다. 예를 들어, "어떤 모험 이야기를 만들래?"라는 질문을 던지면, 아이는 자신의 상상 속에서 다양한 모험과 캐릭터를 창조해 냅니다. 부모가 이 이야기에 관심을 가지고 "그다음에는 무슨 일이 벌어질까?"와 같은 후속 질문을 던지면, 아이는 상상력을 더욱 확장시킬 수 있습니다.

결론적으로, LLM은 데이터를 바탕으로 결과를 도출하지만, 아이들은 상상 놀이를 통해 창의성을 발달시킵니다. 상상력은 아이들이 현실의 제약을 넘어서 생각하도록 도와주며, 부모는 이를 키울 수 있는 환경을 제공해야 합니다.

4. 감정과 창의성: LLM과 아이의 학습 차이

LLM은 데이터를 분석해 패턴을 찾고, 그 안에서 답을 도출하는 데 뛰어나지만 감정을 느끼거나 인식하는 능력은 없습니다. 일부 LLM이 감정 분석을 시도할 수 있지만, 이는 단순한 데이터 처리일 뿐 감정적 경험은 아닙니다. 반면, 아이들은 감정을 통해 더 깊이 있는 학습을 하며, 이러한 감정적 경험은 창의적 사고를 자극하는 중요한 역할을 합니다.

아이들은 감정적 교류를 통해 문제를 다양한 관점에서 해석하고, 이를 창의적으로 해결할 수 있습니다. 예를 들어, 아이가 슬픔이나 기쁨 같은 감정을 느낄 때, 그 감정은 단순한 정

AI 사고 철학

보 이상의 경험으로 이어집니다. 부모가 "이 상황에서 어떤 기분이 들었니?"라고 물을 때, 아이는 자신의 감정을 인식하고, 그 감정을 바탕으로 문제를 새롭게 이해하고 해결할 수 있는 능력을 키워갑니다.

부모는 아이가 자신의 감정을 자유롭게 표현할 수 있도록 도와야 합니다. 예를 들어, 그림을 그릴 때 "이 그림을 그리면서 어떤 기분이 들었니?"라는 질문을 통해, 아이는 감정을 창의적으로 표현하고 이를 통해 자신의 사고를 확장할 수 있습니다. 감정은 창의적 사고를 깊이 있게 만드는 중요한 요소이므로, 아이들이 자신의 감정을 탐구할 기회를 제공하는 것이 중요합니다.

5. 실패에서 배우는 창의성: LLM의 오류와 아이의 실수

LLM은 방대한 데이터를 분석하는 과정에서 때때로 Hallucination(환각)이라고 불리는 오류를 발생시킵니다. 이는 충분한 정보 없이 잘못된 답을 생성하는 현상으로, LLM이 학습한 데이터의 한계에서 비롯됩니다. 예를 들어, "사과는 파란색이다"와 같은 잘못된 정보를 생성할 수 있습니다. 이는 학습된 정보의 오류로, 창의적인 사고와는 무관한 오류입니다.

반면, 아이들은 실수를 학습과 창의적 사고의 기회로 활용합니다. 실수는 아이가 새로운 해결책을 찾는 과정에서 자연스럽게 발생하지만, 그 과정에서 더 나은 접근법을 터득하게 됩니다. 예를 들어, 블록을 쌓다가 무너뜨렸을 때, 아이는 더 튼튼하게 쌓는 법을 배울 수 있습니다. 이처럼 실패는 창의적 사고를 발달시키는 중요한 경험입니다.

부모는 아이가 실패를 두려워하지 않고, 이를 통해 창의적인 해결책을 찾을 수 있는 환경을 조성해야 합니다. 아이가 실수했을 때, "이 조각을 다른 곳에 넣어보면 어떨까?"와 같은 유도 질문을 통해, 아이가 스스로 문제를 해결할 수 있도록 도와야 합니다. 이러한 경험은 아이가 실패를 긍정적으로 받아들이고, 더 다양한 시도를 할 수 있도록 만듭니다.

결론적으로, LLM은 데이터의 오류를 단순히 수정하는 데 그치지만, 아이들은 실수를 통해 새로운 접근법을 찾으며 창의적으로 사고합니다. 부모는 실패를 격려하는 환경을 제공함으로써, 아이가 다양한 시도를 통해 창의성을 발달시킬 수 있도록 도와야 합니다.

6. 상호작용을 통한 창의성 발달

LLM은 인간과 대화형 상호작용을 할 수 있지만, 그 대화는 감정적 교류나 창의적 상호작용을 포함하지 않습니다. 반

AI 사고 철학

면, 아이들은 다양한 상호작용을 통해 창의적 사고를 확장시킬 수 있습니다. 예를 들어, 친구와의 놀이에서 서로 다른 의견을 주고받으며 새로운 해결책을 찾아내는 과정은 LLM이 제공하는 대화와는 근본적으로 다릅니다.

아이들은 협력과 상호작용을 통해 서로의 아이디어를 확장할 수 있습니다. 예를 들어, 블록 놀이에서 친구와 함께 블록을 쌓을 때 서로 다른 방식으로 문제를 해결하는 과정은 아이들의 창의적 사고를 자극합니다. 이는 단순한 정보 교환이 아닌, 감정적 교류와 협력이 포함된 상호작용입니다.

부모는 아이들이 상호작용을 통해 창의성을 발달시킬 수 있는 환경을 제공해야 합니다. 예를 들어, 역할 놀이에서 "너는 의사, 친구는 환자가 되어볼래?"와 같은 상황을 제시하면, 아이들은 자연스럽게 새로운 이야기와 해결책을 창조하게 됩니다. 이러한 협력적 상호작용은 아이들의 창의적 사고를 더욱 발전시키는 중요한 과정입니다.

제7장

사회적 상호작용

LLM이 하지 못하는 인간의 능력

1. 감정 인식과 공감: LLM과 인간의 본질적 차이

LLM은 텍스트 데이터를 분석하여 감정을 인식할 수 있지만, 실제 감정을 느끼거나 공감하는 능력은 없습니다. 예를 들어, LLM은 문장에서 긍정적이거나 부정적인 감정이 담긴 표현을 분석하고 분류할 수는 있지만, 그 감정을 이해하거나 공감하는 것은 불가능합니다. 이는 LLM이 단순히 데이터를 처리하는 기계적 과정에서 벗어나지 못하기 때문입니다. 반면, 인간은 감정을 통해 타인과 연결되고, 이를 통해 관계를 형성하며 깊이 있는 사회적 상호작용을 발전시킵니다.

아이들은 사회적 상호작용을 통해 감정 인식과 공감 능력을 발달시킵니다. 부모와의 상호작용에서 아이는 자신의 감정

　　　　　　　　　　　　　　　　AI 사고 철학

을 표현하는 법을 배우고, 다른 사람의 감정을 읽고 이해하는 능력을 키워갑니다. 예를 들어, 부모가 아이에게 "네가 속상했구나"라고 말하면, 아이는 자신이 느끼는 감정을 더 명확히 이해하게 됩니다. 이처럼 감정적 교류는 아이가 정서적 지능(EQ)을 발전시키는 데 중요한 역할을 합니다.

LLM은 텍스트에서 감정을 분석할 수 있는 능력을 갖추고 있지만, 감정적인 Feedback을 제공하지는 못합니다. 예를 들어, LLM은 "오늘 정말 슬펐어"라는 문장을 부정적인 감정으로 분류할 수 있지만, 그 슬픔을 위로하거나 공감하는 반응을 보여주지는 못합니다. 공감은 데이터를 처리하는 것이 아닌, 인간의 정서적 교류에서 비롯되는 능력입니다.

아이들의 공감 능력을 키우기 위해 부모는 감정에 대한 대화를 자주 시도해야 합니다. 아이가 친구와 다투었을 때, "친구는 어떤 기분이었을까?"라고 질문해 보는 것이 좋은 예입니다. 이런 방식으로 아이는 상대방의 입장에서 생각하는 법을 배우며, 타인의 감정을 이해하고 공감하는 능력을 키웁니다. LLM은 이와 같은 방식으로 타인의 감정을 이해하거나 스스로 그 감정을 느낄 수는 없습니다.

아이들이 공감 능력을 배우는 가장 좋은 방법 중 하나는 부모와의 대화입니다. 예를 들어, 아이가 형제와 싸운 후에 부모가 "형이 네 말을 들어주지 않아서 속상했구나. 그런데 형도 자기 생각을 이야기하고 싶었을 거야"라고 말하면, 아이는 자신의 감정뿐만 아니라 형의 감정도 이해하는 법을 배우게 됩니다. 이러한 대화를 통해 아이는 감정적 교류와 공감을 경험하며, 나아가 사회적 상호작용에서 더 깊이 있는 관계를 형성할 수 있게 됩니다.

결론적으로, LLM과 달리 아이들은 감정을 통해 타인과 정서적으로 연결되고, 공감을 바탕으로 사회적 기술을 발전시킵니다. 부모는 아이가 이러한 능력을 기를 수 있도록 감정적인 대화를 장려하고, 타인의 감정을 이해하는 법을 가르쳐야 합니다. LLM이 텍스트 데이터를 기반으로 감정을 인식하는 데 그친다면, 아이들은 감정을 통해 관계를 형성하고 사회에서 소통하는 법을 배웁니다.

능력	LLM	인간
감정 데이터 분석	텍스트를 기반으로 감정을 분류하고 분석 가능	주변 상황과 맥락을 통해 감정을 직관적으로 이해
실제 감정 경험	감정을 경험하거나 느낄 수 없음	자신의 감정을 느끼고 표현 가능
공감 능력	공감 불가능, 기계적 분석에 그침	타인의 감정을 공감하고 정서적으로 반응 가능
감정적 Feedback 제공	분석 결과를 전달 가능하나 정서적 위로는 불가능	상황에 맞는 위로와 정서적 반응 제공 가능

AI 사고 철학

2. 협력과 타협: 인간 사회의 필수 기술

LLM은 방대한 양의 데이터를 독립적으로 처리하는 독립적 학습(Self-Supervised Learning) 방식을 사용합니다. 이는 주어진 데이터를 분석하고 패턴을 학습하며, 정보를 생성하는 데 있어 탁월한 성능을 발휘합니다. 그러나 LLM은 협력이나 타협과 같은 인간의 사회적 기술을 습득하거나 수행할 수 없습니다. 인간은 상호작용을 통해 타인과 협력하고 의견을 조율하며, 공동의 목표를 달성하는 법을 배우는 반면, LLM은 독립적으로 작동하며 인간처럼 상호작용할 수 있는 능력이 없습니다.

아이들은 협력과 타협을 통해 사회적 규칙과 공동 목표의 중요성을 배웁니다. 놀이에서 친구들과 협력하는 과정은 아이가 타인의 의견을 존중하고, 협업을 통해 문제를 해결하는 법을 자연스럽게 익히는 기회를 제공합니다. 예를 들어, 아이들이 함께 블록을 쌓는 놀이를 할 때, 각자의 의견을 나누고 조정하며 협력적 사고를 키워갑니다. 이러한 과정은 단순한 기술 습득이 아닌, 사회적 상호작용을 통해 이루어지는 중요한 학습입니다.

　LLM은 독립적으로 학습하고 문제를 해결하는 데 최적화되어 있습니다. 그러나 다른 모델과의 협업이나 타인의 의견을 조정하는 능력은 없습니다. 이는 데이터를 처리하는 데 특화된 LLM과 달리, 인간은 상호작용 속에서 협력하고 집단적 목표를 달성하는 과정에서 중요한 사회적 기술을 발달시킨다는 점에서 큰 차이를 보입니다.

　아이들은 협력과 타협을 통해 공동체 의식과 문제 해결 능력을 키웁니다. 예를 들어, 아이들이 함께 게임을 하면서 규칙을 정하거나, 목표를 달성하기 위해 팀을 나누어 협력할 때, 서로의 의견을 조율하며 타협하는 방법을 배웁니다. 이러한 과정은 공동 목표를 향해 나아가는 법을 배우는 중요한 기회이며, 부모는 아이가 이러한 경험을 통해 사회적 상호작용을 더욱 풍부하게 익히도록 도와야 합니다.

아이들에게 협력의 가치를 가르치기 위해 부모는 협력적 놀이를 자주 시도할 수 있습니다. 예를 들어, 블록 놀이에서 "함께 높은 탑을 쌓아보자"라고 제안하는 것은 아이들이 공동의 목표를 향해 협력하도록 하는 좋은 방법입니다. 이때 부모는 아이들이 서로의 의견을 듣고, 자신들의 역할을 조율하며 협력하는 과정을 지켜보고 격려해야 합니다. 이러한 경험을 통해 아이들은 협력의 중요성을 배우고, 타인의 생각을 존중하는 태도를 익힙니다.

1단계	• 해결해야 하는 공동의 문제 또는 목표를 정하는 단계
2단계	• 아이디어를 공유하며 대화를 통해 서로를 이해
3단계	• 의견 차이를 좁히고 최적의 해결책을 찾기 위해 타협
4단계	• 역할을 나눠 함께 목표를 달성하기 위해 협동
5단계	• 목표를 함께 달성하고 성취감을 공유

아이들은 타인과의 상호작용에서 갈등을 경험할 수 있습니다. 이때, 타협은 중요한 사회적 기술로 작용합니다. 예를 들어, 놀이 중 의견 차이로 다툼이 발생했을 때, 부모는 아이에게 "어떻게 하면 둘 다 원하는 대로 할 수 있을까?"라는 질문을 던져 타협점을 찾는 연습을 하게 할 수 있습니다. 이를 통해 아이는 타인의 입장을 이해하고, 서로의 의견을 조율하는 법을

배웁니다.

결론적으로, 협력과 타협은 인간 사회에서 중요한 역할을 하는 기술입니다. LLM은 데이터를 독립적으로 처리하는 능력에 집중하지만, 아이들은 협력과 타협을 통해 사회적 관계를 형성하고 유지하는 법을 배웁니다. 부모는 아이들이 이러한 기술을 놀이와 일상에서 자연스럽게 익힐 수 있도록 도와야 하며, 아이가 타인과 함께하는 법을 배울 다양한 기회를 제공해야 합니다.

항목	LLM	인간
문제 해결 방식	독립적으로 대량의 데이터 분석 및 패턴 탐지.	대화와 상호작용을 통해 창의적이고 상황에 맞는 해결책 도출.
의견 교환과 이해	타인의 의견을 이해하거나 조율하는 능력이 없음.	상호 대화를 통해 타인의 관점을 경청하고 의견 차이를 좁힘.
타협과 조율 능력	데이터를 기반으로 고정된 답변 제공. 타협 능력 없음.	다양한 의견을 수렴하여 합리적 타협과 합의 도출.
협력 실행 능력	독립적으로 작업 수행 가능하나, 다수의 주체와 협력 불가능.	역할 분담과 팀워크를 통해 공동 목표를 효과적으로 수행.
사회적 관계 형성	사회적 관계를 이해하거나 유지할 수 없음.	협력과 타협을 통해 신뢰와 유대를 형성하고 장기적인 관계 유지.
학습 및 개선 능력	훈련 데이터에 의존, 반복 학습을 통해 성능 개선.	경험을 통해 적응하고 상황에 따라 학습하며 사회적 기술 지속 발전.

AI 사고 철학

| 감정적 공감 및
Feedback | 텍스트 기반 감정 분류 가능.
하지만 실제 공감 능력 없음. | 정서적 공감과 적절한
Feedback 제공 가능. |

3. 비언어적 의사소통: 말이 아닌 신호의 중요성

LLM은 언어 기반 의사소통(Language-based Communication)을 통해 텍스트 데이터를 처리하고 분석하지만, 비언어적 신호를 이해하지 못합니다. 인간은 대화 중에 표정, 몸짓, 목소리 톤 등 비언어적 신호를 통해 감정과 의도를 파악하지만, LLM은 이러한 맥락을 인식하지 못하고 단순히 텍스트 의미만 처리할 수 있습니다.

아이들은 어릴 때부터 비언어적 의사소통(Nonverbal Communication)을 배우며, 이를 통해 타인의 감정을 이해하고 상황을 파악합니다. 예를 들어, 아이가 친구의 표정을 보고 그 친구가 슬프다는 것을 알아차리는 것은 사회적 감정 지능의 중요한 부분입니다. 이러한 비언어적 신호는 인간의 관계 형성에 큰 역할을 합니다.

아이들이 비언어적 신호를 인식하고 이를 통해 타인의 감정을 이해하는 것은 사회적 상호작용에서 매우 중요합니다. 예를 들어, 부모가 "오늘 친구가 기분이 안 좋아 보였니?"라고 물어보면, 아이는 상대의 표정과 몸짓을 더 주의 깊게 살피게 됩니다. 이는 아이가 비언어적 의사소통 능력을 기르는 데 도움을 줍니다.

부모는 놀이나 일상 대화에서 비언어적 신호에 대한 인식을 높이는 활동을 시도할 수 있습니다. 예를 들어, 역할 놀이에서 "화가 난 표정을 지으면 다른 사람은 어떻게 반응할까?"라고 질문하며, 아이가 비언어적 의사소통의 영향을 이해하게 도울 수 있습니다.

구성요소	설명	예시
표정	얼굴 근육의 움직임으로 감정이나 의도를 전달.	미소(기쁨), 찡그린 표정(불편함), 인상을 찌푸림(화남).
눈 맞춤	상대방과의 시선을 마주치거나 피하는 행동으로 관심과 신뢰를 표현.	대화를 할 때 지속적인 눈 맞춤(신뢰), 시선을 회피(불편하거나 거짓말 가능성).
몸짓	손짓, 팔의 움직임, 자세 등으로 메시지를 강화하거나 대체.	손을 흔들며 인사(환영), 엄지손가락을 들어올림(칭찬 또는 승낙).
자세	신체의 위치와 방향으로 관심과 태도를 나타냄.	몸을 앞으로 기울임(관심), 팔짱을 낀 자세(방어적 태도).
목소리 톤	말의 높낮이, 속도, 크기 등으로 감정 상태와 의도를 전달.	높은 목소리 톤(흥분), 느린 말투(지루함), 큰 목소리(강조).
물리적 거리	상대방과의 거리로 친밀감이나 경계를 표현.	가까운 거리(친밀함), 먼 거리(공식적 관계 또는 경계).
터치	신체 접촉을 통해 감정을 전달.	손을 잡음(위로), 가볍게 어깨를 두드림(격려), 뒤로 물러남(불편함).

AI 사고 철학

표현의 타이밍	말과 비언어적 신호의 타이밍이 조화되며 메시지를 명확히 전달.	고개를 끄덕이며 동의 표시(적절한 순간에 신호와 발언의 조화).
얼굴 색 변화	감정적 변화에 따른 얼굴 색의 변화.	얼굴이 붉어짐(부끄러움, 분노), 창백함(두려움, 놀람).
옷차림과 외모	의도적으로 선택된 복장이나 꾸밈새로 메시지를 전달.	정장(전문성), 캐주얼한 옷차림(친근함), 단정하지 않은 외모(무관심으로 비칠 수 있음).
환경적 신호	의사소통 과정에서 주변 환경이 주는 간접적 메시지.	책상이 정리되어 있음(정돈됨), 어수선한 방(혼란스러움).

결론적으로, LLM은 언어 데이터를 처리하는 데 그치지만, 인간은 비언어적 신호를 통해 감정과 의도를 소통하며 관계를 형성합니다. 부모는 아이가 이러한 비언어적 상호작용을 경험하고 학습할 기회를 제공함으로써, 정서적 지능을 키울 수 있습니다.

4. 갈등 해결과 관계 구축: 인간만이 할 수 있는 과정

LLM은 데이터를 분석하여 논리적 문제를 해결할 수 있지만, 사회적 갈등을 해결하거나 인간 관계를 구축하는 능력은 없습니다. LLM은 감정적 맥락을 인식하지 못하고, 단순히 주어진 정보에 기반한 해결책을 제시하는 데 그칩니다. 반면, 인간은 감정과 상호작용을 통해 갈등을 해결하고 관계를 유지하는 법을 배웁니다.

아이들은 사회적 상호작용을 통해 갈등이 생겼을 때 타협하고 조정하는 방법을 배웁니다. 예를 들어, 친구와 다툼이 발생했을 때, 아이는 상대의 입장을 이해하고, 협력적으로 문제를 해결하는 법을 익히게 됩니다. 이러한 과정은 사회적 기술을 발달시키는 중요한 학습 경험입니다.

아이들이 갈등을 해결할 수 있는 능력을 기르는 것은 사회적 관계를 형성하고 유지하는 데 필수적입니다. 예를 들어, 놀이 중 다툼이 생겼을 때 부모가 "친구와 어떻게 타협할 수 있을까?"라고 물으면, 아이는 타인의 입장을 고려하는 방법을 배우고, 서로의 의견을 조율하는 능력을 키울 수 있습니다.

부모는 아이가 갈등 상황에서 타협과 조정을 연습하도록 도울 수 있습니다. 예를 들어, 친구와 장난감을 나누는 문제로 갈등이 생기면, 부모는 "둘 다 원하는 대로 할 수 있는 방법이 있을까?"라고 질문하여, 아이가 스스로 해결책을 찾게 유도할 수 있습니다.

결론적으로, LLM은 사회적 갈등을 해결할 수 없지만, 아이들은 감정적 상호작용을 통해 이러한 능력을 배웁니다. 부모는 아이들이 갈등 해결과 타협을 연습하며 사회적 관계 기술을 발전시킬 기회를 제공해야 합니다.

5. 사회적 상호작용의 본질과 인간의 능력

LLM은 대화와 정보를 처리하는 데 있어 탁월하지만, 사회적 상호작용에서 필요한 감정적 교류나 공감 능력은 없습니다. LLM은 데이터를 기반으로 언어를 처리할 뿐, 인간처럼 관계를 형성하거나 감정을 교환하는 것은 불가능합니다. 반면, 인간은 타인과의 상호작용을 통해 감정, 공감, 협력 등의 중요한 사회적 기술을 배우고, 이를 통해 깊이 있는 관계를 구축합니다.

아이들은 부모와 친구와의 사회적 상호작용을 통해 감정적으로 성장하며, 공감과 협력, 갈등 해결 등의 능력을 발달시킵니다. 이는 단순한 정보 습득이 아닌, 타인과의 상호작용에서 발생하는 복잡한 감정적 과정을 이해하고 조율하는 능력입니다.

LLM과 달리, 아이들은 감정적 연결을 통해 인간 관계를 형성합니다. 아이가 타인의 감정을 이해하고 공감할 수 있도록 도와주는 것은 정서적 지능을 키우는 데 필수적입니다. 부모는 아이가 다양한 사회적 상호작용을 통해 협력, 공감, 갈등 해결 능력을 배울 수 있도록 다양한 기회를 제공해야 합니다.

결국, 사회적 상호작용은 인간이 LLM과 근본적으로 다른 점입니다. 부모는 아이들이 타인과의 관계 속에서 감정적 교류와 협력을 통해 사회적 기술을 키울 수 있도록 도와야 합니다. LLM이 아무리 발전해도, 인간의 상호작용 능력은 대체될 수 없는 고유한 가치입니다.

AI 사고 철학

제8장

정보 과부하

데이터를 넘어서기

오늘날 우리는 정보가 넘쳐나는 세상에 살고 있습니다. 이 정보의 홍수 속에서 무엇이 중요한지, 어떤 정보를 받아들이고 어떻게 처리해야 할지를 결정하는 것은 점점 더 어려워지고 있습니다. LLM도 방대한 양의 데이터를 처리하지만, 너무 많은 정보가 주어지면 중요한 내용을 걸러내기 어려워질 수 있습니다. 아이들도 마찬가지입니다. 정보 과부하에 빠지면, 아이들은 집중력을 잃고 혼란스러워질 수 있습니다. 이 장에서는 LLM의 정보 처리 방식을 통해 아이들이 정보 과부하를 극복하고 중요한 정보에 집중할 수 있도록 돕는 방법을 살펴보겠습니다.

AI 사고 철학

1. 정보 필터링: LLM의 데이터 정리와 아이들의 정보 관리

　LLM은 많은 데이터를 처리하는 과정에서 정보를 필터링하는 능력을 사용해 중요한 데이터를 걸러냅니다. 예를 들어, 사용자가 질문을 던졌을 때, LLM은 질문과 관련된 핵심 정보를 추출해 응답을 구성합니다. 이 과정에서 불필요한 데이터는 제외하고, 핵심적인 정보만 남겨줍니다.

　아이들도 마찬가지로, 수많은 정보 속에서 핵심적인 내용을 선별할 수 있는 능력을 길러야 합니다. 부모는 아이들이 필요한 정보를 스스로 선택하고 정리하는 능력을 기를 수 있도록 돕는 역할을 해야 합니다. 예를 들어, 아이가 많은 양의 글을 읽을 때, 중요한 내용을 찾아 요약하는 연습을 시킬 수 있습니다. 이를 통해 아이는 방대한 정보 속에서 핵심적인 내용에 초점을 맞출 수 있게 됩니다.

또한, 아이들이 다양한 매체에서 정보를 접할 때, 그 정보가 모두 필요한 것은 아니며, 무엇이 중요한지 선택하고 결정하는 능력을 길러야 합니다. 마치 LLM이 데이터를 필터링하듯, 부모는 아이가 무작위 정보를 받아들이기보다는 선별된 정보를 다루는 법을 가르쳐야 합니다.

2. 정보 과부하 방지: 학습 시간과 정보량의 조절

LLM이 효율적으로 동작하기 위해서는 일정한 양의 정보만을 학습하는 것이 중요합니다. 너무 많은 데이터가 한꺼번에 주어지면 모델이 혼란을 겪고 성능이 떨어질 수 있습니다. 아이들에게도 비슷한 원리가 적용됩니다. 너무 많은 정보를 한 번에 접하면, 아이들은 집중력을 잃고 혼란에 빠질 수 있습니다.

이를 방지하기 위해 부모는 아이들이 정보를 처리하는 시간을 조절해 줄 필요가 있습니다. 예를 들어, 텔레비전이나 스마트폰 사용 시간을 제한하고, 하루 일정 시간만 정보를 접하도록 하는 것이 좋습니다. 아이들이 학습할 때, 한 번에 너무 많은 내용을 주입하는 것보다 작은 단위로 나눠서 천천히 학습하는 것이 효과적입니다. LLM도 데이터를 처리할 때, 분할된

AI 사고 철학

학습 데이터를 통해 더 나은 성능을 발휘하듯, 아이들도 단계별 학습이 필요합니다.

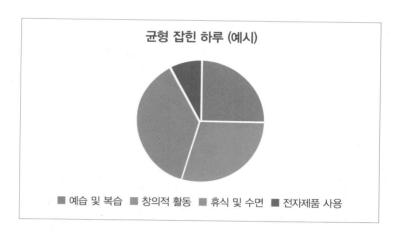

균형 잡힌 하루 (예시)

■ 예습 및 복습 ■ 창의적 활동 ■ 휴식 및 수면 ■ 전자제품 사용

부모는 아이가 한꺼번에 너무 많은 정보에 노출되지 않도록 균형 있는 정보 소비 습관을 길러줄 필요가 있습니다. 예를 들어, 하루에 정해진 시간 동안만 디지털 기기를 사용하고, 그 외 시간에는 독서나 놀이와 같은 다른 활동에 집중할 수 있도록 유도하는 것이 좋습니다.

3. 정보 과부하 해결: Data Compression과 핵심 정보 추출

LLM에서는 방대한 데이터를 효율적으로 다루기 위해 Data Compression(데이터 압축)과 정보 요약 기술을 사용합니다.

이를 통해 중요한 정보만을 남기고, 불필요한 부분을 제거하여 데이터를 더 효과적으로 관리합니다. 이 방식은 아이들이 정보 과부하를 극복하는 데 매우 유용한 힌트를 제공합니다.

아이들에게도 핵심 정보를 추출하는 연습을 시키는 것이 중요합니다. 예를 들어, 아이가 책을 읽을 때 모든 문장을 기억하는 것이 아니라, 핵심적인 메시지를 요약하게 하는 방식으로 학습을 도울 수 있습니다. 부모는 아이가 정보를 요약하는 방법을 가르쳐주고, 중요한 정보를 빠르게 파악할 수 있도록 도와줄 수 있습니다. 이는 아이들이 수많은 정보 속에서도 중요한 부분에 집중하는 능력을 키우게 도와줍니다.

또한, 정보 과부하를 방지하기 위해 부모는 아이들이 학습하는 정보의 양을 적절히 조절해야 합니다. 예를 들어, 한 번에

AI 사고 철학

많은 정보를 제공하기보다는, 간결한 학습 자료나 요약된 내용을 제공하여 핵심에 집중할 수 있도록 유도해야 합니다. 마치 LLM이 방대한 데이터를 압축하여 중요한 정보만 남기는 것처럼, 아이들도 압축된 정보로부터 큰 학습 효과를 얻을 수 있습니다.

4. 정보 정리와 시각적 자료 활용: Multi-Modal Learning

Multi-Modal Learning은 LLM이 텍스트뿐만 아니라 이미지, 음성 등 다양한 형식의 데이터를 동시에 처리하는 기술입니다. 이는 중요한 정보를 여러 형식으로 제공함으로써 효과적인 정보 전달을 돕습니다. 아이들도 시각적 자료나 다양한 형식의 학습 자료를 활용하면, 더 쉽게 정보를 이해하고 기억할 수 있습니다.

예를 들어, 아이가 특정 역사 사건을 배울 때, 텍스트만으로 공부하는 대신, 타임라인 그래프, 지도, 이미지 자료 등을 활용해 다양한 방식으로 정보를 제공하는 것이 효과적입니다.

이는 마치 LLM이 다양한 데이터를 처리해 더 풍부한 응답을 생성하는 것과 같습니다. 아이는 시각적 자료와 결합된 정보를 통해 더 빠르게 이해하고, 장기 기억으로 저장할 수 있습니다.

항목	단일 자료 학습 (텍스트만)	다중 자료 학습 (텍스트+시각자료)
이해 속도	비교적 느림	더 빠름
정보 기억 지속성	제한적	장기 기억으로 저장 가능
학습 흥미도	낮음	높음
활용 가능성	제한적	실생활에 응용 가능
대표 자료 예시	텍스트 요약본	텍스트 + 지도, 그래프, 동영상 등

부모는 학습할 때 중요한 정보를 시각화하여 아이들이 더 쉽게 처리하고 이해할 수 있도록 도와줘야 합니다. 마치 LLM이 Multi-Modal 데이터를 처리해 더 나은 성과를 내듯, 다양한 매체를 활용해 효율적인 학습을 지원하는 것이 중요합니다.

타임라인	지도	이미지	동영상
사건의 흐름을 정리	관련 지역 표시	삽화/사진 등	시청각 자료

AI 사고 철학

5. 정보 선택과 집중: Active Learning과 정보 선별 능력

Active Learning은 LLM이 필요한 데이터만 선택적으로 학습하여 정보 과부하를 방지하는 기술입니다. 이 방식은 모델이 모든 데이터를 학습하지 않고, 중요한 데이터만 선택적으로 학습하여 효율을 높이는 방법입니다. 아이들에게도 이와 같은 방식의 정보 선별 능력을 기르는 것이 중요합니다.

아이들은 학습 과정에서 중요한 정보를 스스로 선택하고 처리하는 능력을 길러야 합니다. 예를 들어, 부모는 아이에게 주어진 문제나 과제에서 핵심 질문을 찾도록 도와줄 수 있습니다. "이 문제에서 정말 중요한 정보는 무엇일까?"라는 질문을 던지면, 아이는 불필요한 정보를 걸러내고 핵심에 집중하는 연습을 할 수 있습니다.

항목	기존 학습 방식	Active Learning 방식
정보 처리 방식	모든 정보를 동일하게 처리.	핵심 정보를 선별하고 선택적으로 학습.
학습 효율성	불필요한 정보로 인해 효율이 낮음.	불필요한 정보를 걸러내고 집중력을 높임.
학습 결과 정리	모든 내용을 암기하려고 시도.	주요 내용을 요약하고 정리.
대표 학습 활동	책 전체 읽기 또는 전 범위 암기.	요점 찾기, 핵심 질문 설정, 주요 개념 학습.

또한, 아이들이 많은 정보를 스스로 정리하는 연습을 시키는 것도 좋습니다. 예를 들어, 독서 후에는 주요 내용을 요약하고 정리하는 과정을 통해 아이들은 방대한 정보 속에서도 중요한 부분을 스스로 선택하는 능력을 키울 수 있습니다. 이는 LLM의 Active Learning과 같은 방식으로, 필요한 정보만을 선택하여 학습하는 능력을 강화하는 과정입니다.

6. 정보 과부하 속에서 핵심에 집중하기

LLM이 방대한 데이터를 효율적으로 처리하고 중요한 정보를 걸러내기 위해 정보 필터링, Data Compression, Multi-Modal Learning 등 다양한 기술을 사용하는 것처럼, 아이들도 정보 과부하에 빠지지 않도록 부모나 교사의 지속적인 가이드와 도움이 필요합니다. 아이들이 핵심적인 정보에 집중하고 불필요한 정보를 걸러내는 능력을 기를 수 있도록, 부모는 적절한 정보 관리 전략을 제공해야 합니다.

항목	필터링 전(Before)	필터링 후(After)
정보량	과도한 데이터	간결하고 필요한 데이터만 존재
이해도	낮음	높음

AI 사고 철학

집중력	혼란스럽고 산만함	명확하고 집중 가능
학습 효율성	시간 소모 큼	시간 대비 성과 증가

아이들에게 중요한 것은 정보의 양이 아니라, 그 정보가 어떻게 선별되고 처리되는지입니다. 부모는 아이들이 정보를 효율적으로 관리하고, 핵심에 집중하는 방법을 배울 수 있도록 지원해야 하며, 이를 통해 아이들은 정보 과부하를 극복하고, 더 나은 학습 성과를 이룰 수 있을 것입니다.

제9장

AI Way of Thinking 실전

이 장은 AI의 사고 방식을 바탕으로, 현실의 교육 문제를 해결하는 방법을 탐구합니다. 첫 번째 사례로, 중요한 수학 시험에서 30점을 맞아 좌절한 아이를 다룹니다. 단순히 혼내거나 위로하는 데 그치지 않고, AI의 학습 과정처럼 데이터를 수집하고 분석하며 맞춤형 학습 계획을 세우는 접근법을 소개합니다.

"엄마, 난 수학에 소질이 없는 것 같아. 30점이라니... 그냥 포기할래." 중학교 2학년 민수(가명)는 시험 성적표를 쥐고 방에 틀어박혀 울고 있는 상황에서 부모는 이 순간이야말로 아이가 결과가 아닌 과정의 중요성을 배울 절호의 기회임을 깨달아야 합니다. 오히려 매번 80점 이상의 좋은 성적을 받는 아이는 과정의 중요성에 대해서 아이와 소통할 기회가 없을 수 있습니다.(그렇다고 80점 이상 받아온 아이가 잘 못하고 있다는 것을 의미하는 것이 아닙니다) 시험 성적은 단순히 결과일 뿐, 진정한 목표는 과정에서 성장하고 배우며 더 큰 꿈을 꿀 수 있는 능력을 기르는 것입니다. 이 장에서는 AI Way of Thinking을 통해, 아이가 좌절에서 벗어나 과정에서 즐거움을 찾고 의미를 발견하도록 돕는 방법을 소개합니다.

AI는 결과만 보는 기계가 아닙니다. 데이터를 모으고, 정리하고, 필요할 때마다 전략을 조정하면서 점점 더 똑똑해지죠. 부모도 마찬가지로 아이의 학습 여정을 데이터처럼 체계적으로 관리할 수 있습니다. Few-Shot Learning으로 민수가 틀린 문제 몇 가지에서 빠르게 핵심 교훈을 얻고, Data Preprocessing으로 시험 결과를 오답 노트로 정리하며 부족한 부분을 시각적으로 보여줍니다. "봐봐, 민수야. 이 유형만 조금 더 연습하면 다음엔 점수가 확 오를 거야."

하지만 여기서 끝이 아닙니다. 진짜 재미는 과정에서 나옵니다. Fine-Tuning을 통해 민수의 학습 계획을 그에게 딱 맞게 조정하고, 하루 3문제씩 푸는 작은 목표를 설정합니다. "어제는 조금 힘들었지만, 오늘은 다 맞았네! 이제 문제 푸는 게 조금 재밌지 않아?" 부모는 과정을 즐길 수 있는 환경을 만들어주며, Chain of Thought로 민수가 스스로 문제 해결의 논리를 탐구하게 돕습니다.

그리고 중요한 메시지: 시험 성적은 단지 결과일 뿐, 목적이나 목표가 아니다. 부모는 민수에게 "시험은 네가 성장하는 길 중 하나일 뿐이야. 너의 목표는 수학을 통해 논리적으로 생각하는 법을 배우고, 언젠가 네 꿈을 이루기 위해 준비하는 거야."라고 설명합니다. 꿈은 멀리 있지만, CICD 방식으로 지속적인 Feedback과 개선을 통해 민수는 점점 더 자신감을 쌓습니다.

마지막으로, Embedding으로 과거의 성공 경험을 현재와 연결합니다. "민수야, 국어 시험 처음에 50점 맞고 80점까지 올랐던 거 기억나? 이번에도 그렇게 할 수 있어." 부모는 Augmentation을 활용해 민수에게 다양한 학습 도구와 게임을 제공하며 학습의 재미를 더합니다. 이렇게 민수는 성적이라는 결과에 무너지지 않고, 과정을 즐기며 목표를 향해 나아가는 법을 배웁니다.

이와 같이 부모는 항상 Logical Thinking, 즉 AI Way of Thinking을 하도록 노력해야 합니다. 아무런 인간적인 감정이 없는 AI에게 정보를 학습시키는 형태로 아이에게 학습을 시키는 방법과 AI가 없는 상호 감정을 공유하며 아이에게 접근하고 소통하면 AI보다 더 똑똑한 아이로 성장할 것입니다.

AI 사고 철학

결과는 단지 한 장의 성적표일 뿐입니다. 진짜 보석은 그 뒤에 숨겨진 과정에서 발견됩니다. 사람들은 성공한 사람의 결과에 나 자신을 비교하며 배 아파하고 질투하고 부러운 감정을 느낍니다. 그러나 사람들은 성공한 사람이 목적과 목표를 달성하기 위해 흘린 냄새나고 더러운 땀에는 관심이 없습니다. 이 장은 부모가 AI처럼 냉철하고 체계적인 사고로 아이의 여정을 지원하며, 과정에서 꿈을 꿀 수 있도록 돕는 법을 실제 학생들을 가르치며 들어왔던 학생들과 그들의 학부모님께서 하셨던 고민을 각색하여 작성하였습니다.

1. 중요한 수학 시험에서 30점을 맞아온 아이

> 상황: 중학교 2학년 민수는 수학 중간고사에서 30점을 맞고, 방에 틀어박혀 "난 진짜 수학에 소질이 없나 봐. 아무리 해도 안 돼…"라며 자책합니다. 부모는 아이의 실망에 공감하지만, 여기서 중요한 것은 결과가 아니라 과정임을 깨닫고 이를 민수에게 가르칠 기회로 삼습니다.

1) Few-Shot Learning: 작은 성공에서 출발하기

부모는 민수와 함께 시험지를 보며 "이 문제는 맞았네! 함수 문제도 부분 점수가 있구나."라며 긍정적인 부분을 먼저 짚

어줍니다. 그런 다음, 몇 가지 핵심 유형 문제를 선정하여 다시 풀어보게 합니다. 민수는 "어? 이건 내가 맞출 수 있네."라며 작은 성취를 경험하며 자신감을 조금씩 회복합니다.

2) Data Preprocessing: 실수의 패턴 정리

부모는 시험 문제를 유형별로 분류해 민수가 자주 실수하는 부분을 시각적으로 보여줍니다. "봐, 너는 함수 문제에서는 공식만 기억하면 잘 풀 수 있어. 대신 계산 문제에서는 자주 틀렸어. 우리 이 부분을 집중적으로 연습해 보자." 민수는 자신의 약점을 명확히 인지하고, 앞으로 어떤 부분을 보완해야 할지 이해합니다.

3) Fine-Tuning: 맞춤형 학습 계획 수립

부모는 민수와 함께 하루 3문제씩 푸는 단기 목표를 세웁니다. "이번 주엔 함수와 도형 문제만 풀어보자. 매일 조금씩 꾸준히 하면 돼." 민수는 작은 목표를 달성하며 학습의 부담을 덜 느끼고, 꾸준히 실력을 쌓아갑니다. 목표를 달성할 때마다 부모는 "너 정말 잘하고 있어!"라며 긍정적인 Feedback을 줍니다.

4) Chain of Thought: 실수의 원인 탐구

부모는 민수가 틀린 문제를 다시 풀면서 "이 문제를 왜 이렇

AI 사고 철학

게 풀었을까? 다음에는 어떻게 접근할 수 있을까?"라고 질문합니다. 민수는 풀이 과정을 단계적으로 설명하며, 스스로 실수의 원인을 발견하고 개선할 방법을 고민합니다. 이 과정을 통해 민수는 문제 해결 능력을 키우고, 논리적 사고의 중요성을 깨닫습니다.

5) CICD: 지속적 개선과 Feedback 루프

부모는 매주 민수와 함께 학습 계획을 점검하며 "이번 주엔 함수 문제를 다 맞혔네. 다음 주엔 계산 문제에 집중해 볼까?"라고 제안합니다. 민수는 반복적인 학습과 Feedback을 통해 꾸준히 발전하며, 점진적으로 목표 점수에 가까워집니다.

6) Embedding: 과거의 성공과 연결

부모는 민수가 국어 시험에서 50점에서 80점으로 점수를 올렸던 경험을 상기시킵니다. "민수야, 국어 시험 때도 처음엔 힘들었지만, 꾸준히 하니까 점수가 올랐잖아. 수학도 그렇게 할 수 있어." 민수는 과거의 성공 경험을 바탕으로, 이번에도 변화할 수 있다는 희망을 갖게 됩니다.

7) Augmentation: 학습의 재미 추가

부모는 민수에게 수학 문제 풀이 앱이나 게임을 추천합니다. "이 앱은 게임처럼 문제를 풀면 보상이 있어. 네 실력에 맞는 문제를 추천해 주니까 재미있을 거야." 민수는 다양한 학습 도구를 통해 문제 풀이에 흥미를 느끼며, 점점 더 적극적으로 학습에 참여합니다.

결과보다는 과정에 집중하라

시험 점수는 단순히 결과일 뿐, 진정한 목표는 과정 속에서 배우고 성장하며 꿈을 키우는 것입니다. 부모는 AI Way of Thinking을 적용해 냉정하게 상황을 분석하고, 민수가 스스로 학습의 과정에서 의미를 발견할 수 있도록 돕습니다. 민수는 더 이상 결과에만 연연하지 않고, 과정을 즐기며 자기 주도적으로 목표를 향해 나아가는 법을 배우게 됩니다.

2. 매번 반 1등을 하던 아이, 자퇴를 선언하다.

상황: 중학교 3학년 내내 반에서 1등을 놓치지 않던 지훈은 고등학교에 진학하며 갑작스러운 학습 환경 변화와 치열한 경쟁에 압박을 느낍니다. 성적이 평범해지자 자신감을 잃고, "이제 학교 못 다니겠어요. 그냥 자퇴할래요."라고 선언합니다. 부모는 감정적으로 반응하기보다, AI Way of Thinking을 적용해 지훈이 이 상황을 극복하고 과정의 가치를 다시 발견할 수 있도록 돕습니다.

AI 사고 철학

1) Data Collection: 스트레스 요인 정밀 분석

부모는 지훈이 자퇴를 결심한 근본적인 이유를 이해하기 위해 구체적인 스트레스 요인을 수집합니다. "수업이 너무 어렵니, 아니면 친구들과의 관계가 부담스러워?"와 같은 질문을 통해 데이터를 모읍니다. 지훈은 "예전처럼 잘하지 못하는 게 부끄러워요. 매일 시험을 보는 것 같아서 너무 힘들어요."라고 답합니다. 이는 성취 압박과 자존감 저하가 주요 원인임을 보여줍니다.

2) Fine-Tuning: 목표와 기대 수준 재설정

부모는 지훈에게 "고등학교 공부는 중학교 때와 달라. 지금은 모두가 새로운 출발선에 서 있어."라고 말하며, 지훈의 목표를 현실에 맞게 조정하도록 돕습니다. "이제 목표는 1등이 아니라, 네가 스스로 만족할 수 있는 성장과정에 있어. 지금은 결과보다 학습 과정에서 무엇을 배우는지가 더 중요하단다."라는 메시지를 전달합니다. 이는 과정 중심의 목표 설정을 유도합니다.

3) ReAct Prompting: 자퇴의 장단점 탐색

부모는 "자퇴를 하면 어떤 점이 좋아질까? 그렇지만 계속 학교를 다닌다면 어떤 점을 개선할 수 있을까?"라는 질문으로 지훈이 다양한 시나리오를 스스로 고민하게 만듭니다. 이 과정에서 지훈은 자퇴가 단기적으로는 부담을 덜어줄 수 있지만,

장기적으로 더 큰 기회를 놓칠 수 있음을 깨닫게 됩니다.

4) Chain of Thought: 문제 해결의 단계적 접근

부모는 지훈과 함께 "어떻게 하면 이 상황을 조금씩 개선할 수 있을까?"라는 질문을 던지며 문제를 세분화합니다. 학업 부담은 "매일 공부할 양을 조금씩 나눠서 하자."로, 친구 관계 문제는 "한 명씩 천천히 대화를 나눠보는 건 어떨까?"로 접근합니다. 지훈은 문제를 작게 나누고 해결해 가며 점차 자신감을 회복합니다.

5) Embedding: 과거 성공 경험과 현재 연결

부모는 "중학교 때 너도 처음엔 1등이 아니었지만, 노력해서 이루었잖아. 그때도 네가 어떻게 성취했는지 기억해 보자."라고 말하며, 지훈의 과거 성취 경험을 상기시킵니다. 지훈은 과거의 노력과 결과가 현재 상황에서도 적용될 수 있음을 깨닫고 다시 도전할 용기를 얻습니다.

6) Augmentation: 새로운 자극과 흥미 제공

부모는 지훈이 학업 외에도 새로운 에너지를 얻을 수 있도록 독서, 스포츠, 음악 등 다양한 활동을 권장합니다. "학교 공부도 중요하지만, 네가 좋아하는 분야를 찾아보자. 그것이

너의 스트레스를 덜어줄 거야."라는 접근으로 지훈은 새로운
활동에서 몰입과 성취감을 느끼며 학업 부담을 덜어냅니다.

7) CICD: 지속적인 Feedback과 성장 관리

부모는 매주 지훈과 함께 "이번 주엔 어떤 부분이 더 나아
졌어? 어떤 점이 여전히 힘들어?"라고 점검하며 지훈의 목표와
계획을 지속적으로 조정합니다. 작은 개선점도 놓치지 않고 "이
번 주에 정말 잘했어. 다음엔 이걸 조금 더 해보자."라며 긍정
적인 Feedback을 제공합니다. 반복적인 Feedback 루프를 통
해 지훈은 꾸준히 성장합니다.

8) Schema Learning: 새로운 학습 패턴 구축

부모는 지훈과 함께 고등학교 학습에 적합한 새로운 학습
구조를 설계합니다. "하루에 모든 걸 끝내려 하지 말고, 각 과
목마다 중요한 부분만 집중해 보자."라는 방식으로 학습을 체
계화합니다. 지훈은 이 과정을 통해 학습 효율을 높이고, 점차
고등학교 학습 환경에 적응합니다.

과정의 아름다움을 다시 배우다.

AI Way of Thinking을 통해 부모는 지훈이 학업의 부담에서 벗

어나 과정의 중요성과 성취의 의미를 다시 깨닫도록 돕습니다. 지훈은 단순히 성적을 추구하기보다, 과정을 즐기고 스스로 성장하는 법을 배우며, 자신만의 새로운 목표를 향해 나아갑니다. 자퇴라는 극단적 선택 대신, 자신을 위한 맞춤형 길을 찾으며 더 큰 자신감을 얻게 됩니다.

3. 남자친구가 생긴 중2 딸, 성적이 떨어지고 미술을 하겠다고 선언하다.

상황: 중학교 2학년 유진은 최근 성적이 떨어진 상태에서 "공부보단 미술을 할래요."라고 선언합니다. 남자 친구가 생긴 시점과 맞물려 부모는 유진이 남자 친구에게 휘둘려 공부를 소홀히 하고, 책임을 회피하려 미술을 핑계로 삼는 것은 아닌지 걱정합니다. 그러나 AI Way of Thinking을 활용해 냉정히 상황을 분석하면, 유진이 단순히 회피가 아니라 그래픽 디자인에 대한 진지한 관심을 품고 있음을 발견할 수 있습니다.

1) Data Collection: 미술을 선택한 이유와 맥락 탐구

부모는 유진의 미술 선언에 대해 단순히 "왜 갑자기?"라고 묻지 않고, 데이터를 모으듯 구체적인 질문을 던집니다. "미술을 하고 싶다는 건 어떤 계기가 있었던 거니? 언제부터 그런 생각을 했어?"라는 질문을 통해 유진의 관심이 단순한 회피인지,

진짜 열정인지 파악합니다. 유진은 처음엔 "그냥 공부하기 싫어서요."라고 대답하지만, 부모는 더 깊이 탐구합니다.

2) ReAct Prompting: 숨겨진 동기 이끌어내기

유진의 대답에서 표면적인 이유만 듣고 끝내지 않고, 부모는 계속해서 "그래도 미술에서 재미있던 게 있었을 거야. 그림 그릴 때 어떤 기분이 들었어?"라는 식으로 질문을 던집니다. 유진은 조금씩 마음을 열며 "디지털로 그림 그릴 때는 시간 가는 줄 모르겠어요."라고 말합니다. 이를 통해 부모는 유진이 미술을 선택한 이유가 단순한 회피가 아니라 몰입과 성취감에서 비롯된 것임을 발견합니다.

3) Hallucination Detection: 잘못된 인식 탐지

유진이 자신에 대한 부정적 생각이나 오해를 하고 있을 가능성이 있을 때, 이를 탐지하고 교정합니다. 예를 들어, 유진이 "나는 공부를 못하니까 다른 길을 가야 해."라고 생각할 때, 부모는 "사실 네가 그동안 성적이 좋았던 과목도 있잖아. 특정 과목보다 넓은 가능성을 보자."라고 하며 잘못된 인식을 수정합니다.활용: 유진의 선택이 회피에서 비롯된 것이 아니라 열정에 기반한 것임을 명확히 이해하도록 돕습니다.

4) Chain of Thought: 미술과 진로의 연관성 탐구

부모는 "미술을 좋아한다면, 어떤 분야에서 그걸 활용할 수 있을까?"라며 유진과 함께 단계별로 탐구합니다. 유진은 처음엔 "그냥 그림 그리는 게 재밌어요."라고 말하지만, 부모가 "혹시 게임 캐릭터나 웹툰 같은 건 어때? 네가 디자인한 걸 다른 사람들이 본다면 더 뿌듯하지 않을까?"라고 묻자, 유진은 "그런 건 진짜 멋있을 것 같아요."라고 답하며 그래픽 디자인에 대한 잠재적 관심을 드러냅니다.

5) Data Preprocessing: 주변 환경과 관심사 분석

부모는 유진의 일상에서 나타나는 행동과 관심사를 정리합니다. "최근에 자주 보던 유튜브 채널이 뭐였지? 그림 그릴 때 어떤 프로그램을 사용했어?" 유진이 디지털 드로잉 프로그램이나 디자인 관련 콘텐츠를 자주 본다는 점을 확인하며, 부모는 미술이 단순한 회피가 아니라 꾸준히 관심을 가져온 분야라는 점을 파악합니다.

6) Schema Evolution: 미술 학습을 통한 진로 설계의 틀 구축

유진이 미술을 진로로 삼으려는 경우, 부모는 진로 설계를 체계화하여 단계별 학습 목표를 설정합니다. AI가 학습 내용을 체계화하듯, 부모는 유진과 함께 "기초 드로잉 → 그래픽 소프트웨어 사용 → 포트폴리오 제작"과 같은 구조를 만들어, 장기적 목표를 구체화합니다.활용: "유진아, 미술을 제대로 하려면 이런 단계를 거쳐야 해. 이걸 같이 설계해 보자."라는 방식으로 스스로 학습 계획을 세우게 유도합니다.

7) Embedding: 과거 경험과 연결

부모는 유진이 과거에 미술과 관련해 성취감을 느꼈던 순간을 상기시킵니다. "초등학교 때 네가 캐릭터 공모전에 제출했던 그림 기억나? 그때도 네가 디지털로 작업하는 걸 정말 즐겼잖아." 유진은 자신이 단순히 미술을 '좋아한다'는 것을 넘어서, 꾸준히 이 분야에서 성취를 느껴왔음을 깨닫습니다.

8) Personalization through Embeddings: 개인화된 학습 경로 설계

부모는 유진의 성향과 관심사를 기반으로 미술과 관련된 다양한 활동을 추천합니다. 예를 들어, 유진이 캐릭터 디자인에 관심이 있다면 "게임 디자인 워크숍"이나 "디지털 드로잉" 강좌를 추천합니다.

활용: 유진의 관심사를 바탕으로 "넌 이쪽 분야에 강점이 있구나. 여기에 더 집중해 보면 좋겠다."라며 맞춤형 학습 경로를 제공할 수 있습니다.

9) Augmentation: 새로운 미술 경험 제공

부모는 "그렇다면 이번엔 그래픽 디자인을 배우는 미술 학원에 가볼까?"라며 기존의 미술 활동을 더 깊이 탐구할 수 있는 새로운 기회를 제안합니다. 또한, 부모는 유진이 디지털 도구를 활용해 자신의 창의력을 확장할 수 있도록 태블릿과 드로잉 소프트웨어를 제공합니다. 이를 통해 유진은 단순한 취미를 넘어, 전문적인 스킬을 쌓을 기회를 얻습니다.

10) Transfer Learning: 기존 학습과 새로운 관심사의 연결

유진이 기존 학습 경험(예: 수학, 역사 등)을 미술과 연결해 학습에 대한 흥미를 잃지 않도록 합니다. 예를 들어, 수학적 비율을 활용해 디자인할 때의 유용성을 설명하거나, 역사적 인물을 주제로 한 작품을 제작하도록 권장합니다.활용: "이전에 배운 수학이 여기서 이렇게 쓰이는구나."라는 깨달음을 통해 기존 학습의 중요성을 다시 인식하게 합니다.

미술로 진로를 설계하며, 자신감을 회복하다.

AI의 다양한 기술 개념을 활용해 부모는 유진이 미술을 단순한 회피가 아닌 진지한 진로로 발전시키는 과정을 체계적으로 지원할 수 있습니다. 이러한 기술들은 단순히 미술에 대한 흥미를 강

AI 사고 철학

화하는 데 그치지 않고, 학업과 진로 설계 간의 균형을 유지하며 장기적인 목표를 구체화하는 데 중요한 역할을 합니다.

4. 초등학교 2학년, 글 읽기를 거부하는 아이

상황: 초등학교 2학년인 서준이는 글을 읽는 걸 극도로 싫어합니다. 책을 펼치면 금세 짜증을 내고 "엄마, 재미없어요. 그냥 다른 거 할래요."라며 책을 덮어버립니다. 부모는 서준이가 글 읽기를 완전히 포기하지 않을까 걱정이 됩니다. 하지만 이럴 때 감정적으로 책을 강요하기보다, AI Way of Thinking을 적용해 체계적이고 창의적인 접근으로 서준이의 흥미를 이끌어내야 합니다.

1) Data Collection: 서준이의 관심사와 읽기 저항 이유 파악

부모는 먼저 서준이가 글 읽기를 싫어하는 이유와 현재 관심사를 데이터처럼 수집합니다. "서준아, 어떤 책이 가장 재미없었어? 요즘엔 어떤 게임이나 만화를 가장 좋아해?"라는 질문을 통해, 서준이가 왜 글을 멀리하는지와 무엇에 흥미를 느끼는지 알아냅니다. 서준이는 "책은 글자가 너무 많아서 재미없어요. 하지만 공룡 게임은 좋아요!"라고 답합니다.

2) Augmentation: 글과 놀이를 결합한 새로운 경험 제공

부모는 서준이의 관심사를 활용해 글 읽기를 놀이와 연결합니다. "공룡 탐험 게임"이라는 활동을 제안합니다. 부모는 책의 짧은 문장으로 구성된 공룡 퀴즈를 만들고, 서준이가 문제를 맞힐 때마다 공룡 스티커를 보상으로 제공합니다. 서준이는 글자를 읽고 문제를 푸는 과정에서 점점 몰입하게 됩니다.

예: "티라노사우루스는 무엇을 먹었을까? A. 풀 B. 고기" 같은 간단한 질문으로 서준이의 흥미를 자극합니다.

3) Multi-Modal Learning: 시각, 청각, 촉각을 활용한 읽기 경험

글 읽기를 단순히 텍스트로만 경험하지 않도록, 시각적 자료와 소리, 촉각적 경험을 활용합니다. 부모는 그림책을 읽을 때 QR 코드를 스캔해 공룡 울음소리를 들려주거나, 서준이가 직접 공룡 인형을 만지며 이야기를 따라가게 합니다. 이를 통해 서준이는 글자와 이미지를 함께 보며 몰입도를 높이고, 텍스트를 자연스럽게 받아들이게 됩니다.

4) ReAct Prompting: 이야기 속 선택의 결과 탐구

부모는 "서준아, 이 공룡이 친구를 구할지, 아니면 숲에서 혼자 탈출할지 어떤 선택을 할까?"라는 식으로 서준이가 책 속 캐릭터의 결정을 선택하도록 유도합니다. 서준이가 선택한

AI 사고 철학

대로 이야기를 진행하며, 결과를 함께 탐구합니다. 이 과정을 통해 서준이는 글이 단순한 정보 전달이 아니라, 자신이 참여하는 재미있는 세계임을 느끼게 됩니다.

5) Chain of Thought: 읽기 전후의 사고 과정 이끌기

부모는 서준이가 책을 읽기 전후로 사고 과정을 확장하도록 돕습니다. 읽기 전에는 "이 공룡이 어떤 모험을 할 것 같아?"라고 예상하게 하고, 읽은 후에는 "서준이는 이 공룡이 왜 그런 선택을 했다고 생각해?"라고 질문합니다. 이를 통해 서준이는 읽은 내용을 단순히 지나치지 않고, 논리적 사고와 상상력을 발전시킵니다.

6) CICD: 읽기 습관의 점진적 형성과 Feedback 제공

부모는 서준이와 매주 읽기 목표를 설정합니다. "이번 주에는 공룡 이야기 두 장만 읽어보자."라고 작고 달성 가능한 목표를 설정해 주고, 목표를 달성하면 "이번 주에 정말 잘했어! 다음엔 또 어떤 이야기를 읽고 싶니?"라고 칭찬합니다. 목표를 점진적으로 늘려가며 읽기에 대한 부담을 줄입니다.

7) Embedding: 읽기와 일상생활의 연결

부모는 서준이가 읽기의 재미를 실생활에서 느끼도록 만듭니다. 예를 들어, 서준이가 좋아하는 공룡 박물관에 함께 가기 전에 "이 박물관의 티라노사우루스는 어떤 비밀을 가지고 있을까?"라는 책의 짧은 내용을 읽고 가게 합니다. 박물관에서 실제 공룡을 본 후, "책에서 봤던 티라노사우루스 맞지?"라고 이야기하며 글과 현실을 연결합니다.

8) Knowledge Graphs: 이야기 간의 연관성 탐색

서준이의 관심이 계속 이어지도록, 부모는 읽은 책과 관련된 다른 책이나 이야기를 추천합니다. "이 공룡 이야기 재미있었지? 이번엔 공룡과 함께 나오는 다른 동물 이야기를 읽어보자." 이렇게 이야기 간의 연관성을 탐색하며 읽기 흥미를 확장할 수 있습니다.

놀이로 글 읽기의 문을 열다.

AI Way of Thinking을 적용해 데이터 수집, 맞춤형 활동 설계, 지속적인 Feedback을 통해 서준이는 글을 읽는 과정에서 재미를 느끼고, 점차 자신감을 회복하게 됩니다. 읽기는 단순한 학습 활동이 아니라, 서준이가 탐험과 성취를 경험할 수 있는 모험으로 변합니다. 부모는 이러한 접근을 통해 아이가 자연스럽게 글 읽기에 흥미를 붙이고, 새로운 세계로 나아가는 즐거움을 느끼도록 도울 수 있습니다.

AI 사고 철학

5. 스마트폰에 매달린 아이, 강제로 끊으려니 더 큰 반항

상황: 초등학교 5학년 준호는 매일 스마트폰과 게임에 빠져 있습니다. 부모가 스마트폰을 빼앗아보기도 하고 사용 시간을 제한해 보지만, 그럴 때마다 준호는 극심한 반항을 합니다. 화를 내고, 방에 틀어박혀 하루 종일 나오지 않으며 밥도 거부합니다. 부모는 스마트폰이 준호에게 미치는 부정적 영향을 걱정하지만, 강압적인 방법으로는 문제를 해결할 수 없음을 깨닫고 AI Way of Thinking 철학을 활용하기로 합니다.

1) Data Collection: 스마트폰 사용 패턴과 이유 탐색

부모는 준호의 스마트폰 사용 습관과 그 안에서 무엇에 몰두하고 있는지를 탐구합니다. "어떤 게임을 제일 좋아해? 이 게임에서 뭐가 제일 재미있어?" 같은 질문을 통해 준호가 게임에서 느끼는 성취감이나 즐거움을 파악합니다. 준호는 "게임에서 새로운 레벨에 도전하는 게 너무 재밌어요. 친구들이랑 같이 할 때가 제일 신나요."라고 말합니다. 이는 게임이 단순한 오락이 아니라 사회적 연결과 성취감의 중요한 수단임을 보여줍니다.

2) ReAct Prompting: 스마트폰 없이도 재미를 찾도록 유도

부모는 준호에게 "스마트폰 없이도 비슷하게 재미있게 할 수 있는 게 있을까?"라고 물으며 대안을 탐구합니다. 준호는 처음 엔 "없어요!"라고 단호히 말하지만, 부모가 "네가 좋아하는 레 고로 게임 속 캐릭터를 만들어보면 어때?"라고 제안하자 흥미 를 보이기 시작합니다. 이를 통해 준호는 디지털 외의 활동에서 도 창의성과 성취감을 느낄 수 있음을 깨닫게 됩니다.

3) Augmentation: 게임과 현실을 연결한 활동 제공

부모는 준호가 좋아하는 게임의 요소를 현실 놀이로 확장 합니다. "이 게임 속 캐릭터를 보드게임으로 만들어서, 가족끼 리 한 번 해볼까?"라며 가족 활동으로 전환합니다. 또한, "게임 에서 나온 미션을 현실에서 도전하면 어떻게 될까?"라며 준호 가 게임 속에서 경험한 전략적 사고와 문제 해결을 현실에 적 용하도록 유도합니다. 준호는 게임과 유사한 성취감을 느끼며 디지털 외 활동에 점차 흥미를 느낍니다.

4) Multi-Modal Learning: 다양한 감각 자극을 활용

부모는 게임을 대신할 수 있는 활동을 단순한 텍스트나 말 로만 전달하지 않고, 시각적, 촉각적 자극을 포함한 다양한 경 험으로 제공합니다. 예를 들어, 준호가 좋아하는 게임 속 풍경 을 실제로 탐험하는 자연 산책이나 박물관 탐방으로 연결합니 다. 이를 통해 준호는 게임에서 느꼈던 탐험과 발견의 재미를 현실에서도 느끼게 됩니다.

5) Chain of Thought: 게임의 긍정적 요소와 부정적 영향 탐구

부모는 준호와 함께 "게임이 왜 좋을까? 그런데 게임을 너무 많이 하면 무슨 일이 생길까?"라는 질문을 던지며, 게임의 장단점을 스스로 탐구하도록 유도합니다. 준호는 "재미있고 친구들이랑 같이 할 수 있지만, 너무 많이 하면 머리가 아프고 엄마가 화내요."라고 답합니다. 이 과정을 통해 준호는 자신의 행동이 가져오는 결과를 논리적으로 이해하게 됩니다.

6) Fine-Tuning: 스마트폰 사용 시간의 합리적 조정

부모는 준호와 함께 "하루에 게임은 몇 시간 정도가 좋을까?"를 논의하며, 무조건적인 제한이 아닌 준호가 동의할 수 있는 시간표를 설정합니다. 예를 들어, "저녁 숙제 끝나고 1시간은 괜찮을 것 같아. 그 시간 이후에는 우리가 같이할 활동도 찾아보자."라는 합의를 통해 준호가 자신의 시간을 자율적으로 관리할 수 있게 만듭니다.

7) CICD: 지속적인 Feedback과 개선

매주 스마트폰 사용과 현실 활동의 결과를 점검하며 "이번 주엔 게임 시간을 잘 지켰네. 새로운 보드게임도 재미있었지?

다음 주에는 어떤 걸 해보고 싶어?"라고 Feedback을 제공합니다. 준호는 이 과정을 통해 자신의 행동을 스스로 조정하는 능력을 기르게 됩니다.

8) Governance: 가족 규칙과 목표 설정

부모는 준호와 함께 스마트폰 사용에 대한 가족 규칙을 설정합니다. "우리 가족의 규칙은 하루 2시간 이내로 스마트폰을 사용하는 거야. 이걸 지키면 다 같이 영화 보는 날을 만들자."라고 말하며 명확한 기준과 보상 체계를 제공합니다. 준호는 이 규칙을 통해 자신의 행동을 체계적으로 관리하는 법을 배웁니다.

게임과 스마트폰에서 현실로의 전환

AI Way of Thinking 철학은 단순히 스마트폰을 강제로 뺏는 대신, 준호가 게임과 스마트폰에서 얻는 성취감과 즐거움을 현실로 확장할 기회를 제공합니다. 준호는 디지털과 현실 사이에서 균형을 찾으며, 게임 외 활동에서도 몰입과 성취감을 느끼게 됩니다. 결과적으로, 스마트폰은 준호의 삶을 잠식하는 도구가 아닌, 다양한 활동 중 하나로 자리 잡게 됩니다.

AI 사고 철학

6. "꿈은 돈을 많이 버는 것"이라고 말하는 아이

> 상황: 초등학교 6학년 지우는 유튜브에서 매달 수천만 원, 수억 원을 버는 사람들을 보며 "내 꿈은 돈을 많이 버는 거예요!"라고 말합니다. 부모가 "돈이 전부가 아니야"라고 설득하지만, 지우는 "돈만 많으면 뭐든 할 수 있잖아요."라며 꿈의 본질을 돈으로만 정의합니다. 부모는 AI Way of Thinking을 활용해 지우가 돈의 본질과 자신의 가치를 이해하고, 진정한 목표를 발견할 수 있도록 돕습니다.

1) Data Collection: 돈을 쫓는 이유 탐구

부모는 지우가 돈을 목표로 삼는 이유를 파악하기 위해 구체적인 질문을 통해 데이터를 수집합니다. "돈을 많이 벌면 가장 먼저 하고 싶은 일이 뭐야?"라는 질문으로 지우가 돈을 통해 무엇을 이루고 싶은지 탐색합니다. 지우는 "좋은 집에 살고, 멋진 차도 사고 싶어요."라고 답하며, 자유와 안정감을 원하고 있음을 드러냅니다. 이를 통해 지우가 돈을 삶의 도구로 인식하고 있음을 확인합니다.

2) Knowledge Graphs: 돈과 다양한 목표의 연관성 탐색

부모는 지우와 함께 돈이 어떻게 다양한 삶의 요소와 연결될 수 있는지 시각적으로 보여줍니다. 예를 들어, "돈 → 안정된 집 → 창의적 활동 → 행복"과 같은 경로를 탐색하며, 돈이 중요한 역할을 하지만 최종 목표는 행복이나 자아실현임을 강조합니다. 지우는 돈이 모든 것을 해결하지 않으며, 다른 목표와의 연결 고리 속에서 더 큰 의미를 갖는다는 것을 깨닫습니다.

3) ReAct Prompting: 돈의 역할과 한계 탐구

부모는 "돈이 많으면 모든 문제가 해결될까?"라는 질문을 통해 지우가 돈의 역할과 한계를 탐구하도록 돕습니다. 지우는 "건강이나 친구는 돈으로 못 사겠죠."라고 답하며 돈이 삶의 일부에만 영향을 미친다는 점을 이해하기 시작합니다. 부모는 "돈은 중요한 도구지만, 모든 걸 해결하지는 못해. 그래서 네가 무엇을 정말로 중요하게 생각하는지 아는 게 중요해."라고 말합니다.

4) Chain of Thought: 돈을 버는 과정과 기회의 탐구

부모는 "돈을 많이 벌고 싶은데, 어떤 일을 하면 좋을까?"라는 질문을 통해 지우와 함께 다양한 직업과 기회를 탐색합니다. 지우는 "유튜버나 게임 스트리머가 되고 싶어요."라고 답합니다. 부모는 "좋아, 그걸 잘하려면 콘텐츠를 만들고 사람들의 관심을 끄는 방법을 배워야겠지. 그 과정이 중요해."라며 돈을

AI 사고 철학

버는 과정과 그 안에서 필요한 기술을 강조합니다.

5) Augmentation: 다양한 직업 체험 활동 제공

부모는 지우가 돈을 버는 다양한 방법을 직접 체험할 수 있도록 지원합니다. "유튜버도 좋지만, 디자인이나 요리 같은 것도 체험해 보면 어떨까?"라며 다양한 분야에서의 성취 경험을 제공합니다. 이를 통해 지우는 돈을 벌기 위해 필요한 다양한 접근 방식을 배우고, 자신의 흥미와 강점을 발견하게 됩니다.

6) Fine-Tuning: 지우 맞춤형 목표 설정

부모는 지우와 함께 현실적이고 구체적인 목표를 설정합니다. "돈을 벌면서 네가 가장 즐길 수 있는 일이 뭘까?"라는 질문을 통해 지우가 자신의 흥미와 기술을 기반으로 목표를 세우도록 돕습니다. 예를 들어, 지우가 게임을 좋아한다면, "게임 개발자나 디자이너가 되는 건 어떨까? 너의 창의성을 발휘하면서도 돈을 벌 수 있어."라고 제안합니다.

7) Multi-Modal Learning: 돈의 개념을 시각적으로 이해

부모는 지우에게 돈의 흐름과 관리의 중요성을 시각적으로 설명합니다. "이만큼의 돈이 있으면 집세, 음식비, 그리고 저축에 어떻게 쓸까?"라는 질문으로 지우와 함께 돈의 사용 계획을 시각적으로 설계합니다. 이를 통해 지우는 돈의 흐름과 자원 관리의 개념을 구체적으로 이해하게 됩니다.

8) CICD: 목표와 가치를 지속적으로 점검

부모는 지우와 매달 목표를 점검하며 "이번 달에는 어떤 것들을 경험했어? 그 경험을 통해 무엇을 느꼈어?"라는 질문을 통해 목표와 가치를 지속적으로 재정비합니다. 지우는 다양한 활동과 경험을 통해 점점 더 자신의 진정한 관심사와 목표를 발견하게 됩니다.

9) Persona Management: 다양한 역할 탐색

부모는 지우가 다양한 역할을 경험하며 자신의 정체성을 탐구할 수 있도록 돕습니다. "이번 주엔 너를 사업가로 생각하고 가상의 가게를 운영해 볼래? 어떤 물건을 팔고 싶니?"라는 식으로 새로운 시나리오를 기반으로 한 역할 놀이를 제공합니다. 이를 통해 지우는 돈을 버는 방식에 대한 다양한 관점을 탐색하며, 재미와 의미를 발견합니다.

돈이 아닌, 자신의 가치를 찾는 과정

AI Way of Thinking을 적용해 부모는 지우가 돈의 중요성을 이해하되, 그 자체가 목표가 아니라 자신이 진정으로 중요하게 여기는 가치를 실현하는 수단임을 깨닫게 돕습니다. 다양한 경험과 탐색 과정을 통해, 지우는 단순히 돈을 쫓는 아이에서 자신의 열정과 성취를 통해 의미 있는 보상을 추구하는 아이로 성장하게 됩니다.

7. 왕따를 당하며 "왜 살아야 하는지 모르겠어"라고 말하는 아이

상황: 중학교 1학년 민지는 가장 친했던 친구들에게 왕따를 당하며 삶의 의미를 잃은 듯한 상태에 빠졌습니다. "엄마, 나 왜 살아야 해? 나 없어졌으면 좋겠어." 부모는 민지의 고통에 당황하지만, 감정적 반응 대신 AI Way of Thinking과 다양한 AI 기술 개념을 활용해 체계적이고 창의적으로 문제를 해결하고자 합니다.

1) Data Mart: 민지의 사회적 경험 데이터 정리

부모는 민지의 과거와 현재의 사회적 경험을 체계적으로 정리합니다. "친구들과의 관계에서 어떤 일이 있었고, 언제부터 문제가 생겼는지 우리 같이 정리해 보자." 민지가 왕따를 당하기 전과 후의 경험을 분류해 보면, 특정 사건이나 행동이 관계 변화에 영향을 미쳤을 가능성을 발견할 수 있습니다. 이 데이터는 민지가 문제를 객관적으로 이해하고, 새로운 관계 형성을 위한 교훈을 도출하는 데 도움을 줍니다.

2) Few-Shot Learning: 작은 긍정적 경험에서 시작

부모는 민지에게 새로운 관계 형성을 위한 작은 목표를 설정합니다. "이번 주에는 학교에서 한 명에게만 간단히 인사를 해보자." 민지가 성공하면 "잘했어! 다음엔 조금 더 길게 대화해볼까?"라고 제안하며 점진적으로 목표를 확장합니다. 이는 민지가 소규모의 긍정적 경험을 통해 관계 형성의 자신감을 회복하도록 돕습니다.

3) ReAct Prompting: 상황 대처 능력 향상

부모는 "만약 친구들이 또 너를 무시하거나 힘들게 하면, 어떻게 대응하면 좋을까?"라는 가상의 시나리오를 제시해 민지가 다양한 상황에서 반응을 연습하도록 돕습니다. 이 과정을 통해 민지는 감정적으로 반응하기보다, 침착하게 대응하는 방법을 배우며 스트레스 상황에서의 대처 능력을 향상시킵니다.

4) Fine-Tuning: 민지에게 맞는 대처 방식 조정

민지가 어떤 상황에서 더 큰 상처를 받는지, 어떤 환경에서는 조금 더 편안함을 느끼는지를 파악하여 민지에게 맞는 맞춤형 전략을 세웁니다. 예를 들어, "친구와 1:1 대화는 조금 더 편하지? 그룹보다는 그런 상황에서부터 시작해 보자."라며 민지에게 가장 적합한 사회적 접근 방식을 조정합니다.

5) Hallucination Detection: 왜곡된 사고 탐지 및 수정

부모는 민지가 자신을 부정적으로 인식하거나 상황을 왜곡된 방식으로 해석할 때 이를 탐지합니다. "친구들이 너를 전부 싫어한다고 생각하는데, 정말 그럴까? 혹시 네가 생각하는 것보다 다른 이유가 있을지도 몰라." 부모는 민지가 상황을 객관적으로 바라볼 수 있도록 돕고, 왜곡된 사고를 수정해 긍정적인 사고를 촉진합니다.

6) Multi-Modal Learning: 다양한 표현 방식 활용

부모는 민지가 자신의 감정을 말로 표현하기 어려워할 경우, 그림, 음악, 글쓰기 등 다양한 방식으로 표현할 기회를 제공합니다. 예를 들어, "오늘 기분을 색깔로 표현하면 어떤 색이 될까?"라고 물으며 민지가 감정을 더 자유롭게 표현할 수 있는 환경을 만듭니다. 이를 통해 민지는 억눌린 감정을 해소하고, 자신을 이해하는 능력을 키웁니다.

7) CICD: 지속적인 성장과 Feedback 루프

부모는 민지와 주기적으로 상황을 점검합니다. "이번 주엔 어떤 일이 있었어? 조금 더 나아진 점은 뭐였어?" 작은 변화도 놓치지 않고 Feedback을 제공하며 민지의 사회적 자신감을 강화합니다. 매번 새로운 목표를 설정하고, 개선점을 지속적으로 반영하여 민지가 꾸준히 성장하도록 돕습니다.

8) Schema Learning: 새로운 관계 패턴 학습

부모는 민지가 새로운 관계를 맺을 때 어떤 행동이 긍정적인 반응을 이끌어낼 수 있는지 도와줍니다. "다른 친구들이 이야기할 때 관심을 보여주는 게 중요해. 그게 관계를 만드는 시작이 될 수 있어." 민지는 이러한 사회적 스키마를 통해 관계 형성의 기본 원리를 배우고 적용할 수 있습니다.

9) Persona Management: 다양한 역할 연습

민지가 자신의 다양한 성격과 장점을 탐구할 수 있도록 부모는 역할 놀이를 제안합니다. "오늘은 네가 멋진 조언자가 되어볼래? 친구가 고민이 있다면 어떻게 도와줄 수 있을까?" 민지는 다양한 페르소나를 연습하며 자신감과 관계 형성 능력을 키우게 됩니다.

AI 사고 철학

삶의 의미와 관계의 가치를 다시 배우다.

AI Way of Thinking과 다양한 기술 개념을 활용해 부모는 민지가 왕따 경험 속에서도 삶의 새로운 의미와 사회적 가치를 재발견할 수 있도록 체계적으로 지원합니다. 민지는 친구 관계에만 의존하지 않고, 자신의 가치를 탐구하며 성장하게 됩니다. 이 과정을 통해 민지는 어려움 속에서도 자신만의 강점과 미래를 향한 희망을 다시 찾을 수 있습니다.

제10장

인지발달 이론과 AI 이론의 만남

인간과 기계의 학습 이론의 비교

1. 서론

오늘날 인공지능은 교육, 의료, 비즈니스 등 다양한 분야
에서 인간의 삶에 큰 영향을 미치고 있습니다. 특히 AI 기술
은 방대한 데이터를 분석하고 새로운 정보를 생성하는 데 탁월
한 능력을 보이며, 이를 통해 인간의 학습 과정을 모방하려는
시도가 이어지고 있습니다. 그런데 이러한 AI 기술이 인지발달
이론과 어떻게 연결될 수 있을까요? 인지발달 이론은 인간이
성장하면서 학습하고 문제를 해결하는 방식을 설명하는 학문
입니다. 이 이론들은 특히 아이들의 성장기에 학습 환경을 조
성하는 데 중요한 통찰을 제공합니다.

AI 사고 철학

장 피아제와 레프 비고츠키 같은 학자들의 인지발달 이론은 아이들이 어떻게 정보를 처리하고 세상을 이해하는지를 단계별로 설명합니다. 예를 들어, 피아제는 아이들이 각 단계에서 새로운 문제를 해결하고 경험을 쌓아가며 점진적으로 성숙해진다고 보았습니다. 반면, 비고츠키는 사회적 상호작용과 문화적 맥락이 아이들의 학습에 필수적이라고 강조했습니다. 이러한 이론은 AI의 학습 방식, 즉 데이터를 기반으로 한 알고리즘적 접근과 흥미로운 대조를 이룹니다.

AI 기술은 아이들이 경험하는 문제 해결 및 학습 과정을 보완할 수 있는 도구로 자리 잡을 수 있습니다. 예를 들어, AI는 개별 학습자에게 맞춘 Feedback을 제공하거나, 아이들의 학습 패턴을 분석하여 맞춤형 학습 경로를 제시할 수 있습니다. 그러나 AI의 기능이 인간의 학습 방식을 완전히 대체하거나 모방할 수는 없습니다. AI는 감정, 사회적 맥락, 창의성을 포함한 인간적 요소를 경험하지 못하기 때문입니다.

이 장에서는 인지발달 이론과 AI 기술의 학습 메커니즘을 비교하여, 두 접근법이 어떻게 상호보완적으로 작용할 수 있는지를 탐구할 것입니다. 특히, AI 이론을 활용하여 아이들의 인지발달을 지원하는 방법을 모색할 것입니다. 이는 부모나 교육자가 AI 기술을 아이들의 학습과 성장에 효과적으로 통합할 방안을 제공하는 데 목적이 있습니다.

결론적으로, 인간과 AI의 학습 방식을 비교하고 그 유사점과 차이점을 이해함으로써, 우리는 AI가 어떻게 아이들의 성장과 학습을 돕는 도구로 활용될 수 있는지에 대한 새로운 시각을 얻을 수 있을 것입니다.

항목	인간 학습(인지발달 이론)	AI 학습(알고리즘 기반)
학습 기반	경험, 사회적 상호작용, 문화적 맥락	데이터, 알고리즘, 패턴 분석
학습 과정	단계별 발달(피아제), 사회적 상호작용(비고츠키)	대규모 데이터 처리 및 반복적 학습
창의성	새로운 아이디어 생성 및 문제 해결 가능	기존 데이터에서 통계적 패턴 추출
사회적 맥락	감정, 공감, 대화, 협력	맥락을 이해하지 못함, 분석 중심
학습 적용	추상적, 감정적, 상황적 지식 활용	정량적, 패턴 기반의 결과 도출

2. 주요 인지발달 이론 소개

2.1 피아제의 인지발달 단계

각 단계별 아이들의 학습 방식

장 피아제의 인지발달 이론은 아이들이 세상을 이해하고 문제를 해결하는 방식이 나이에 따라 단계적으로 발전한다고

AI 사고 철학

설명합니다. 첫 번째 단계는 감각운동기(0~2세)로, 이 시기의 아이들은 주변 환경을 감각과 움직임을 통해 탐색합니다. 예를 들어, 아기가 장난감을 입에 넣거나 흔들어보는 행동은 사물을 이해하기 위한 초기 학습 방식입니다. 이 단계에서는 특히 대상 영속성 개념이 중요한데, 물건이 눈에 보이지 않아도 여전히 존재한다는 사실을 배우게 됩니다.

다음은 전조작기(2~7세)로, 아이들은 언어와 상징적 사고를 통해 세상을 이해하기 시작합니다. 그러나 이 시기의 사고는 여전히 자기중심적이며, 타인의 관점을 이해하는 데 한계가 있습니다. 예를 들어, 아이가 "해가 나를 따라다닌다"고 말한다면, 이는 주변 세계를 자기중심적으로 해석하는 전형적인 사례입니다.

그다음 단계는 구체적 조작기(7~11세)로, 논리적 사고와 구체적인 문제 해결 능력이 발달합니다. 이 시기의 아이들은 수학 문제나 퍼즐을 풀 때 논리적으로 접근할 수 있습니다. 그러나 이 논리적 사고는 여전히 구체적인 상황에 한정되며, 추상적인 개념을 이해하는 데는 어려움이 있습니다. 예를 들어, 물체의 무게와 부피의 관계를 실험을 통해 이해하지만, 이를 일반적인 원리로 추상화하는 데는 시간이 걸립니다.

마지막 단계는 형식적 조작기(12세 이상)로, 아이들은 추상적이고 가설적인 사고가 가능해집니다. 예를 들어, 아이들은 철학적 질문이나 수학의 추상적 개념을 이해할 수 있는 능력을 갖추게 됩니다. 이 단계에서는 문제를 다양한 관점에서 분석하고, 가상의 상황을 설정하여 해결책을 탐구할 수 있습니다. 피아제의 이론에 따르면, 이 단계는 논리적 사고의 절정으로, 인간의 복잡한 문제 해결 능력을 뒷받침합니다.

단계	연령 범위	학습 방식	주요 개념
감각운동기	0~2세	감각과 움직임을 통해 학습	대상 영속성(보이지 않아도 물건이 존재함을 이해)
전조작기	2~7세	상징적 사고와 언어를 통해 세상을 이해	자기중심적 사고, 상징 놀이
구체적 조작기	7~11세	논리적 사고와 구체적인 문제 해결	보존 개념(물체의 속성은 변하지 않음을 이해), 분류 및 순서화
형식적 조작기	12세 이상	추상적, 가설적 사고 및 다양한 관점에서 문제를 분석	가설적 사고, 추론 능력, 추상적 개념 이해

AI의 학습 알고리즘과의 유사성

AI의 학습 과정은 피아제가 설명한 인간의 인지발달 단계와 몇 가지 흥미로운 유사점을 보입니다. 초기 AI 시스템은 감각운동기와 유사하게, 데이터에서 단순한 패턴을 인식하는 기본 작업부터 시작합니다. 예를 들어, 이미지 인식 알고리즘은

AI 사고 철학

처음에는 단순한 모양이나 색상의 차이를 감지하는 데 그치지만, 점차 객체의 구체적인 특성을 학습하게 됩니다. 이는 아기가 눈에 보이는 세계를 탐색하는 초기 단계와 비슷합니다.

AI가 전조작기와 비슷한 단계에 이르면, 보다 복잡한 패턴을 학습하고 예측할 수 있는 능력을 갖춥니다. 자연어 처리 모델을 예로 들면, 이 단계에서 AI는 문맥 속에서 단어의 의미를 이해하고 적절한 반응을 생성할 수 있습니다. 그러나 여전히 AI는 자기중심적 학습을 벗어나지 못하며, 인간처럼 타인의 의도나 감정을 이해하는 데는 한계가 있습니다.

AI가 발전하면서, 구체적 조작기와 같은 단계에 도달합니다. 이 시점에서 AI는 구체적인 데이터 기반 문제를 해결하는 데 매우 능숙해집니다. 예를 들어, 추천 시스템은 사용자 데이터에 기반하여 개인 맞춤형 제안을 제공합니다. 그러나 AI는 이 단계에서도 추상적인 사고나 일반화된 원칙을 스스로 도출하는 데는 한계를 보입니다.

마지막으로, 형식적 조작기에 해당하는 AI는 아직까지 인간의 수준에 도달하지 못했습니다. AI는 추상적이고 가설적인 문제를 해결하기 위해 프로그램될 수 있지만, 스스로 가설을 생성하거나 새로운 사고 방식을 창조하는 능력은 제한적입니다. 이는 AI가 인간의 고차원적 사고 방식을 완전히 모방하기 위해서는 여전히 많은 도전 과제가 남아 있음을 보여줍니다.

단계	피아제의 인간 인지발달	AI 학습 알고리즘
감각운동기	단순한 감각과 움직임으로 세상을 탐색	데이터에서 기본 패턴(색상, 모양 등)을 인식.
전조작기	상징적 사고와 자기중심적 해석	문맥 이해 및 단순한 예측 가능하지만, 감정 이해 제한.
구체적 조작기	구체적 문제를 논리적으로 해결	구체적 데이터 기반 문제 해결(추천 시스템, 분류 작업).
형식적 조작기	추상적 사고와 가설적 문제 해결 가능	추상적 문제 해결을 수행하지만, 창의적 사고는 제한적.

2.2 비고츠키의 사회문화적 이론

사회적 상호작용과 학습의 관계

레프 비고츠키(Lev Vygotsky)는 인간의 학습이 사회적 상호작용을 통해 이루어진다고 주장했습니다. 그는 학습이 단순히 개인의 경험을 통해 이루어지는 것이 아니라, 주변 사람들과의 관계 속에서 발전한다고 보았습니다. 특히 근접발달영역(ZPD, Zone of Proximal Development)이라는 개념은 아이가 혼자서는 해결할 수 없지만, 성인이나 또래의 도움을 받으면 해결할 수 있는 과제를 의미합니다. 예를 들어, 아이가 어려운 수학 문제를 풀 때, 부모나 교사가 적절한 힌트를 제공하면 문제를 해결할 수 있습니다. 이를 통해 아이는 스스로 문제를 해결할 능력을 점차 키우게 됩니다.

비고츠키는 또한 언어가 학습에 있어 핵심적인 역할을 한다고 강조했습니다. 아이들은 언어를 통해 자신의 사고를 정리하고, 문제를 해결하기 위한 전략을 개발합니다. 어린 시절에는 외부로 발화하는 언어가 점차 내적 언어로 발전하여 사고의 도구로 사용됩니다. 예를 들어, 아이가 퍼즐을 맞추면서 "이 조각은 여기로 가야 해"라고 말하는 경우, 이는 사고 과정을 외적으로 표현하는 것입니다. 이러한 언어적 상호작용은 아이의 인지발달을 촉진합니다.

비고츠키는 학습이 항상 문화적 맥락 안에서 이루어진다고 보았습니다. 각 문화권은 고유한 도구, 언어, 사회적 규범을 통해 아이들의 사고와 학습을 형성합니다. 예를 들어, 한 문화권에서는 수학적 개념을 교육하기 위해 놀이를 활용할 수 있지만, 다른 문화권에서는 실용적인 계산 작업을 강조할 수 있습니다. 이러한 문화적 차이는 아이들이 세상을 이해하는 방식에 깊은 영향을 미칩니다.

개념	설명	예시
근접발달영역 (ZPD)	아이가 혼자서 해결할 수 없지만, 도움을 받으면 해결할 수 있는 영역.	부모가 힌트를 제공하여 아이가 어려운 문제를 푸는 과정.
언어와 사고	외적 언어에서 내적 언어로 발전하며 사고 도구로 사용.	퍼즐을 맞추며 '여기다'라고 말하거나 문제를 해결할 전략을 계획하는 모습.

| 문화적 맥락 | 학습은 문화적 도구, 언어, 사회적 규범에 의해 형성됨. | 놀이를 통해 개념을 배우는 문화와 실용적 계산을 강조하는 문화의 차이. |

결론적으로, 비고츠키의 이론은 학습이 혼자만의 과정이 아니라, 사람들과의 상호작용과 문화적 배경 속에서 이루어진 다는 점을 강조합니다. 이는 학습 환경에서 사회적 상호작용을 적극 활용해야 한다는 중요한 시사점을 제공합니다.

2.3 AI의 협력적 학습 모델과 비교

비고츠키의 사회문화적 이론은 AI의 협력적 학습 모델과 흥미로운 유사점을 보입니다. 현대 AI 시스템 중 일부는 휴먼 인 더 루프(Human-in-the-Loop) 학습 방식을 활용하여 인간 사용 자와의 상호작용을 통해 성능을 개선합니다. 예를 들어, 챗봇 이나 음성 인식 시스템은 사용자로부터 Feedback을 받아 대 화의 품질을 점진적으로 향상시킬 수 있습니다. 이는 아이들이 성인이나 또래의 도움을 통해 학습하는 과정과 비슷합니다.

휴먼 인 더 루프(HITL)는 AI 시스템이 인간의 Feedback을 학습 과정에 적극 활용하는 방법을 의미합니다. 이 방식은 AI 가 업무를 처리하는 사이클(Loop)에서 독립적으로 처리할 수 없 는 문제를 인간이 개입하여 해결하도록 돕거나, 모델의 결과를 검토하여 정확성을 높이는 과정을 포함합니다. 예를 들어, 이미지 분류 AI가 특정 이미지를 잘못 인식했을 때, 인간이 개입해서 수정하면 AI는 이를 학습 데이터에 반영하여 성능을 향상시킵니다. HITL은 특히 의료, 법률, 고객 서비스와 같은 민감한 분야에서 중요한 역할을 하며, 인간과 AI의 협력으로 신뢰성과 효율성을 동시에 확보합니다.

또한, AI는 인간의 언어 데이터를 학습하여 자연어 처리 능력을 향상시킵니다. 비고츠키가 언어를 학습의 핵심 도구로 간주했던 것처럼, AI도 언어 데이터를 통해 더 나은 의사소통 능력을 갖추게 됩니다. 예를 들어, 기계 번역 시스템은 다량의 언어 데이터를 학습하여 점점 더 정확한 번역을 제공합니다. 이 과정은 인간이 언어를 통해 사고와 문제 해결 능력을 발전시키는 방식과 유사합니다.

비고츠키 모델	인공지능 모델
•ZPD 기반의 학습 •비고츠키 모델(ZPD 중심의 인간 학습)	•HITL 기반의 학습 •AI 모델(HITL 중심의 협력 학습)
단계: 1. 현재 능력(Existing Capability): 　– 아이가 혼자 해결할 수 있는 간단한 과제. 　– 예시: 아이가 덧셈 문제를 해결.	단계: 1. 데이터 입력(Data Input): 　– AI가 초기 데이터를 학습. 　– 예시: 이미지 분류 모델에 동물 사진 제공.

2. 과제 시도(Task Attempt):
   - 아이가 새로운, 더 어려운 과제를 혼자 시도하지만 해결하지 못함.
   - 예시: 아이가 곱셈 문제를 시도하지만 실패.

3. 도움 제공(Scaffolding):
   - 교사나 또래가 힌트와 Feedback을 제공.
   - 예시: 교사가 "곱셈은 덧셈의 반복이야"라고 설명.

4. 협력적 학습(Learning with Support):
   - 아이가 도움을 통해 문제를 이해하고 해결.
   - 예시: 교사의 설명을 듣고 곱셈 문제를 해결.

5. 향상된 능력(Improved Capability):
   - 아이가 도움 없이도 유사한 문제를 해결할 수 있는 능력을 획득.
   - 예시: 이제 곱셈 문제를 스스로 해결 가능.

2. 모델 예측(Initial Prediction):
   - AI가 새로운 데이터를 처리하고 예측 시도.
   - 예시: AI가 고양이를 개로 잘못 분류.

3. Feedback 제공(Human Feedback):
   - 인간이 AI의 오류를 수정하고 Feedback을 제공.
   - 예시: "이 이미지는 고양이가 맞아"라는 Feedback 제공.

4. 협력적 학습(Collaborative Learning):
   - AI가 Feedback을 바탕으로 알고리즘을 개선.
   - 예시: Feedback을 반영하여 고양이와 개를 더 정확히 분류.

5. 향상된 성능(Improved Performance):
   - 수정된 알고리즘으로 정확성과 신뢰도가 향상.
   - 예시: AI가 고양이와 개를 95% 이상의 정확도로 구분.

비고츠키의 문화적 맥락 개념은 AI의 도메인 특화 학습과도 연결될 수 있습니다. 특정 산업이나 분야에 특화된 AI 시스템은 해당 도메인에서만 유효한 규칙과 데이터를 기반으로 학습합니다. 예를 들어, 의료 분야의 AI는 일반적인 데이터보다 의

AI 사고 철학

료 기록과 연구를 바탕으로 학습하여 특정 질병을 진단하거나 치료법을 제안할 수 있습니다. 이는 문화적 맥락에 따라 학습 도구와 방법이 달라지는 인간의 학습 방식과 일맥상통합니다.

그러나 AI의 협력적 학습 모델은 인간의 사회적 학습과 근본적인 차이도 존재합니다. AI는 인간과 달리, 감정적 유대나 맥락의 사회적 의미를 이해하지 못합니다. 인간은 학습 과정에서 정서적 Feedback과 사회적 관계를 통해 동기부여를 받지만, AI는 순수하게 데이터 기반의 상호작용에 의존합니다. 이 차이는 AI가 인간의 학습을 완전히 모방할 수 없는 한계를 보여줍니다.

항목	비고츠키의 사회적 학습 모델	AI의 협력적 학습 모델(HITL)
학습 기반	인간 간 상호작용, 문화적 맥락	인간 Feedback 및 데이터 기반 상호작용
중재자 역할	부모, 교사, 또래	휴먼 인 더 루프(HITL)에서 인간 전문가
Feedback 방식	언어적/비언어적 Feedback 및 정서적 동기부여	데이터 기반 Feedback(정확성 수정, 알고리즘 개선)
언어의 역할	사고와 문제 해결을 위한 도구	자연어 데이터를 학습하여 언어 모델 성능 향상
맥락의 중요성	문화적, 사회적 환경에 따라 학습 도구와 방법이 달라짐	도메인 특화 학습(의료, 법률 등 특정 산업에 최적화)
감정적 연결	정서적 유대와 사회적 관계를 통한 동기부여	감정적 요소 없음, 순수 데이터 기반 상호작용

2.4 인간의 기억 체계

정보처리 이론에 따르면, 인간의 기억 체계는 크게 감각 기억, 단기 기억(작업 기억), 장기 기억의 세 가지 주요 구성 요소로 이루어져 있습니다. 감각 기억은 우리가 외부 자극을 매우 짧은 시간 동안 저장하는 단계로, 시각적 정보(아이코닉 메모리)는 약 0.5초, 청각적 정보(에코익 메모리)는 2~4초 동안 유지됩니다. 이 단계는 정보가 더 깊이 처리되기 전에 일종의 필터 역할을 하여 중요한 정보를 추려냅니다.

단기 기억은 감각 기억에서 선별된 정보를 임시로 저장하는 장소로, 제한된 용량과 지속 시간을 갖습니다. 일반적으로 7±2개의 정보를 약 20~30초 동안 유지할 수 있다고 알려져 있습니다. 이곳에서 정보는 의식적으로 처리되며, 필요에 따라 장기 기억으로 전송되거나 사라집니다. 예를 들어, 전화번호를 외울 때 단기 기억을 사용합니다. 단기 기억은 작업 기억이라고도 불리며, 문제 해결이나 의사결정 같은 인지적 작업에 핵심적인 역할을 합니다.

장기 기억은 정보가 장기간 저장되는 단계로, 사실상 무제한의 용량과 지속 시간을 가지고 있습니다. 여기에는 개인적 경험을 저장하는 일화 기억, 일반적 지식을 저장하는 의미 기억, 그리고 특정 기술이나 절차적 정보를 포함하는 절차 기억이 포함됩니다. 예를 들어, 자전거 타는 법은 절차 기억에 속합

AI 사고 철학

니다. 장기 기억은 반복과 연습을 통해 강화되며, 필요할 때 단기 기억으로 다시 불러와 사용됩니다.

정보가 감각 기억에서 장기 기억으로 이동하기까지는 부호화와 인출이라는 두 가지 중요한 과정이 필요합니다. 부호화는 새로운 정보를 의미 있는 방식으로 변환하여 기억에 저장하는 과정이고, 인출은 저장된 정보를 다시 불러오는 과정입니다. 예를 들어, 시험공부할 때 학습한 내용을 떠올리는 것이 인출에 해당합니다. 이 두 과정이 원활히 작동하면 기억의 정확성과 효율성이 높아집니다.

정보처리 이론은 이러한 인간 기억 체계를 컴퓨터에 비유하여 설명합니다. 감각 기억은 입력 장치(키보드, 마우스 등), 단기 기억은 중앙처리장치(CPU), 장기 기억은 하드디스크나 클라우드 저장소와 비슷한 역할을 한다고 볼 수 있습니다. 하지만 인간의 기억은 감정과 맥락에 의해 영향을 받는 반면, 컴퓨터는 이를 처리하지 못한다는 점에서 차이가 있습니다.

기억 단계	설명	용량	지속 시간	예시
감각 기억	외부 자극을 짧게 저장하는 초기 단계	매우 크지만 제한적	0.5초(시각), 2~4초(청각)	지나가는 자동차 소리를 들음.
단기 기억	정보를 임시로 저장하고 처리	7±2 정보	20~30초	전화번호를 일시적으로 기억.

장기 기억	정보를 장기간 저장. 무제한 용량	무제한	매우 긴 시간	자전거 타는 법이나 어릴 적 기억.

2.5 AI의 데이터 저장 및 처리 방식

AI의 데이터 저장 및 처리 방식은 인간의 기억 체계와 흡사한 구조를 따릅니다. AI 시스템은 입력(Input), 처리(Processing), 출력(Output)의 세 단계로 구성됩니다. 입력은 인간의 감각 기억과 유사하게 데이터를 수집하는 단계입니다. 예를 들어, 이미지 인식 모델은 사진을 입력 데이터로 받아들이고, 자연어 처리 모델은 텍스트 데이터를 수집합니다. 이 단계에서 AI는 감각 정보를 "읽고" 처리할 준비를 합니다.

입력된 데이터는 AI의 작업 메모리에 해당하는 처리 단계로 넘어갑니다. 이곳에서는 수학적 연산이나 알고리즘을 사용하여 데이터를 분석하고 패턴을 인식합니다. 인간의 단기 기억처럼, 이 단계에서 AI는 한정된 범위 내의 데이터만을 처리하며, 즉각적인 계산이나 예측을 수행합니다. 예를 들어, 번역 AI는 입력된 문장을 분석하여 즉각적으로 다른 언어로 변환합니다.

AI의 장기 기억은 데이터베이스나 클라우드 저장소에 해당합니다. 이곳에 저장된 데이터는 학습된 모델과 가중치 형태로 보존되어, 미래의 예측이나 작업에 사용됩니다. 인간의 장기 기억처럼, 이 데이터는 필요한 때에 불러와 사용될 수 있습니다. 예를 들어, 챗봇 AI는 사용자와의 과거 대화를 기억하고, 이를 바탕으로 더 개인화된 대화를 제공합니다.

데이터가 AI의 장기 기억에 저장되기 전에는 훈련(Training)과 교정(Tuning) 과정이 필요합니다. 이 과정은 인간의 부호화 과정과 유사하며, AI가 입력 데이터를 학습 가능한 형태로 변환하는 단계입니다. 머신러닝 모델은 데이터에서 패턴을 인식하고 이를 바탕으로 예측을 생성하는 규칙을 학습합니다. 이 과정은 반복과 검증을 통해 모델의 정확도를 점차 향상시킵니다.

마지막으로, AI의 데이터 저장 및 처리 과정은 인간의 정보 처리와 달리 감정이나 맥락적 요소에 의존하지 않는다는 점에서 차이가 있습니다. 인간은 기억을 재구성할 때 과거 경험이나 감정의 영향을 받지만, AI는 순전히 수치와 패턴에 기반하여 데이터를 처리합니다. 이는 AI가 강력한 계산 능력을 제공하지만, 인간의 고유한 직관과 공감을 모방하는 데 한계가 있음을 의미합니다.

항목	인간 기억 체계	AI 데이터 처리
입력 단계	감각 기억: 시각, 청각 등 외부 자극 입력	데이터 입력: 텍스트, 이미지, 음성 데이터 수집

처리 단계	단기 기억(작업 기억): 제한된 용량, 즉각적 문제 해결	작업 메모리: 수학적 연산, 패턴 인식, 즉각적 예측
저장 단계	장기 기억: 일화 기억, 의미 기억, 절차 기억 포함	데이터베이스/클라우드: 학습된 모델과 가중치 저장
학습 및 변환 과정	부호화: 의미 있는 방식으로 정보를 저장	훈련 및 튜닝: 데이터를 학습 가능한 형태로 변환
출력 단계	재구성: 경험과 감정을 바탕으로 정보를 재해석하거나 표현	예측/결과: 순수 데이터 기반의 계산된 결과 출력
맥락적 요소	감정과 경험에 따라 정보의 의미가 변함	맥락 요소 없음: 수치와 패턴에 기반한 처리

3. AI와 인지발달 이론의 공통점

3.1 데이터와 경험을 통한 학습

아이들은 어떻게 경험을 통해 배우는가?

아이들은 일상생활에서 얻는 다양한 경험을 통해 세상을 배우고 이해합니다. 예를 들어, 아이가 처음으로 뜨거운 물건을 만지면, 그 경험을 통해 뜨거운 것은 위험하다는 개념을 학습하게 됩니다. 이런 경험은 단순한 정보 전달이 아니라, 감각과 행동을 통해 직접 체득한 교훈이기 때문에 더욱 강력하게 기억됩니다. 또한, 이러한 학습은 주변 환경과의 상호작용 속에서 이루어지며, 아이는 실수와 성공을 통해 점차 더 나은 결정을 내리게 됩니다.

아이들은 놀이와 탐구 활동을 통해서도 경험을 쌓습니다. 예를 들어, 블록을 쌓다가 무너지면 아이는 탑을 더 튼튼하게 쌓는 방법을 실험하게 됩니다. 이처럼 아이들은 문제를 해결하고 목표를 달성하기 위해 여러 가지 시도를 해보며 자연스럽게 학습합니다. 이러한 경험 기반 학습은 단순히 지식이나 정보를 습득하는 것을 넘어, 문제 해결 능력과 창의적 사고를 키우는 데 중요한 역할을 합니다.

반복과 Feedback의 중요성

아이들이 경험을 통해 배우는 과정에서 반복은 매우 중요한 요소입니다. 특정 행동이나 문제 해결 방식을 반복함으로써 아이는 점점 더 효율적으로 그 과정을 수행하게 됩니다. 예를 들어, 자전거 타기를 배우는 아이는 처음에는 넘어지더라도 반복적으로 연습하면서 점차 균형을 잡고 페달을 밟는 방법을 익힙니다. 반복은 학습된 행동을 자동화하는 데 도움을 주며, 이를 통해 아이는 새로운 상황에서도 배운 기술을 응용할 수 있게 됩니다.

Feedback 또한 아이들의 학습에서 핵심적인 역할을 합니다. 긍정적인 Feedback은 아이가 자신감을 갖고 학습을 지속하도록 돕고, 부정적인 Feedback은 잘못된 행동을 교정하는 데 유용합니다. 예를 들어, 그림을 그린 아이가 "이 부분을 더 색칠하면 좋을 것 같아"라는 Feedback을 받으면, 다음 시도에서 더 나은 결과를 만들 수 있습니다. 이처럼 Feedback은 학습 방향을 제시하고, 아이가 자신의 학습 과정을 점검하며 발전하도록 이끌어줍니다.

AI의 데이터 기반 학습

AI는 데이터를 통해 학습하는 방식으로 설계되었습니다. 머신러닝과 딥러닝 같은 AI 기술은 대량의 데이터를 분석하고, 그 속에서 패턴을 발견함으로써 예측하거나 문제를 해결하는 능력을 갖추게 됩니다. 예를 들어, 이미지 인식 모델은 수천 장의 사진을 학습하여 고양이와 강아지를 구분할 수 있는 능력을 개발합니다. 이 과정에서 데이터는 AI가 현실 세계를 이해하고 새로운 상황에 적응할 수 있도록 하는 핵심 자원이 됩니다.

AI의 학습은 지도학습과 비지도 학습으로 나눌 수 있습니다. 지도학습은 정답이 포함된 데이터를 기반으로 학습하며, 예측 모델을 만드는 데 주로 사용됩니다. 예를 들어, 이메일의 스팸 여부를 분류하는 AI는 스팸과 일반 메일로 라벨링 된 데이터를 학습합니다. 반면, 비지도 학습은 데이터 내의 숨겨진 구조를 발견하는 데 초점을 맞추며, 클러스터링이나 차원 축소와 같은 작업에 사용됩니다. 이를 통해 AI는 데이터의 패턴과

AI 사고 철학

관계를 파악하여 새로운 통찰을 제공합니다.

딥러닝은 다층 신경망을 활용하여 데이터의 특징을 자동으로 학습하는 방법입니다. 이 방식은 특히 이미지, 음성, 텍스트와 같은 비정형 데이터를 처리하는 데 강점을 보입니다. 예를 들어, 자율주행 자동차의 AI는 도로 상황에 대한 영상을 실시간으로 분석하여 보행자, 신호등, 도로 표지판을 인식하고 이에 따라 행동을 조정합니다. 딥러닝은 인간의 뇌 구조를 모방한 인공 신경망을 통해 데이터를 계층적으로 처리하여 고차원적 패턴을 파악합니다.

AI의 학습 과정에서 중요한 요소는 훈련 데이터의 양과 질입니다. 더 많은 데이터와 더 높은 품질의 데이터는 AI 모델의 정확도와 신뢰성을 크게 향상시킵니다. 그러나 잘못된 데이터나 편향된 데이터가 포함될 경우, AI는 왜곡된 결과를 초래할 수 있습니다. 예를 들어, 얼굴 인식 AI가 특정 인종의 데이터만 충분히 학습하면 다른 인종의 얼굴을 정확히 인식하지 못할 가능성이 있습니다. 따라서 데이터 수집과 정제 과정은 AI 학습의 성공에 결정적인 영향을 미칩니다.

마지막으로, AI는 인간과 달리 감정적 경험이나 맥락적 이해 없이 학습합니다. AI는 데이터의 숫자적 패턴에만 의존하며, 인간이 경험을 통해 얻는 직관적 통찰을 활용하지 못합니다. 이는 AI가 데이터를 기반으로 놀라운 성과를 이룰 수는 있지만, 복잡한 인간 사회의 맥락을 완전히 이해하거나 창의적으로 문제를 해결하는 데 한계를 가지는 이유입니다.

인간과 AI 학습 방식의 유사점

인간과 AI는 모두 반복 학습을 통해 능력을 향상시킨다는 점에서 유사합니다. 인간은 새로운 기술을 익히거나 문제를 해결할 때 반복적인 시도를 통해 점차 숙련도를 높입니다. 예를 들어, 아이가 자전거를 타는 법을 배우는 과정에서 여러 번 넘어지면서 균형 잡는 방법을 익히게 됩니다. 이와 마찬가지로, AI도 학습 데이터를 반복적으로 처리하여 예측 정확도를 향상시킵니다. 머신러닝 알고리즘은 데이터셋을 여러 번 학습함으로써 점진적으로 더 나은 결과를 도출하도록 조정됩니다.

또한, 인간과 AI는 Feedback을 통해 학습 성과를 개선합니다. 인간은 시험 결과나 선생님의 조언을 통해 자신의 학습 방향을 수정하고 발전합니다. AI도 마찬가지로, 모델이 예측을 잘못했을 때 오류를 식별하고 이를 기반으로 학습 파라미터를 조정합니다. 예를 들어, 강화학습 모델은 특정 행동에 대한 보상 또는 벌점 Feedback을 받아 다음번에는 더 나은 선택을 하도록 학습합니다. 이 Feedback 메커니즘은 인간과 AI 모두가 효율적으로 학습하도록 돕는 공통된 요소입니다.

데이터와 경험의 축적도 인간과 AI 학습의 또 다른 공통점

AI 사고 철학

입니다. 인간은 다양한 경험을 통해 새로운 상황에 대처하는 능력을 키우며, 그 과정에서 기억된 정보를 활용합니다. 예를 들어, 한 번 겪은 시험 상황에서 배운 점을 다음 시험에 적용할 수 있습니다. AI 역시 데이터의 양이 많아질수록 더 정교한 예측을 수행할 수 있습니다. 대규모 데이터를 학습한 AI 모델은 과거의 데이터에서 얻은 지식을 활용해 새로운 데이터에 대해 더 나은 결과를 도출합니다.

마지막으로, 인간과 AI는 점진적인 학습을 통해 복잡한 문제를 해결한다는 공통점이 있습니다. 인간은 기본적인 개념을 먼저 이해한 후, 이를 바탕으로 더 복잡한 문제에 도전합니다. AI도 간단한 모델에서 시작해 점차 더 복잡한 알고리즘으로 확장하여 문제를 해결합니다. 예를 들어, 초기의 AI는 단순한 패턴 인식에 그쳤지만, 현재의 AI는 여러 층의 신경망을 활용하여 복잡한 문제를 해결할 수 있습니다. 이러한 점진적 학습은 두 학습 시스템이 점차 발전하고 적응할 수 있도록 돕습니다.

항목	인간 학습 방식	AI 학습 방식
반복 학습	반복 시도와 실수를 통해 숙련도를 높임.	데이터셋을 반복적으로 학습하여 모델 성능 개선.
Feedback 기반 학습	시험 결과, 조언 등을 통해 학습 방향 수정.	오류나 손실 계산을 바탕으로 알고리즘 조정.

데이터와 경험 축적	다양한 경험을 바탕으로 새로운 상황에 대처.	대규모 데이터를 학습하여 새로운 데이터에 적용.
점진적 학습	간단한 개념에서 시작해 복잡한 문제를 점차 해결.	단순 모델에서 복잡한 알고리즘으로 확장.

인간과 AI 학습 방식의 차이점

인간과 AI 학습 방식의 큰 차이점 중 하나는 맥락적 학습 능력입니다. 인간은 학습할 때 상황과 맥락을 자연스럽게 이해하고 이를 바탕으로 정보를 적용합니다. 예를 들어, 아이는 "사과"라는 단어를 배울 때, 이를 실제 사과의 모양, 맛, 냄새와 연결하여 기억합니다. 반면, AI는 데이터에 내재된 패턴을 학습할 뿐, 맥락적 의미를 스스로 이해하지 못합니다. AI는 "사과"라는 단어가 텍스트 데이터에서 어떤 단어들과 자주 함께 나오는지 분석할 수 있지만, 실제 사과를 보고 맛을 통해 의미를 학습할 수는 없습니다.

또 다른 중요한 차이점은 감정과 동기의 역할입니다. 인간은 감정을 학습 과정에 통합하며, 동기 부여를 통해 더 깊이 있는 학습을 할 수 있습니다. 예를 들어, 아이가 흥미를 느끼는 주제에 대해서는 더 열정적으로 탐구하고, 실패했을 때 느끼는 좌절감이나 성공했을 때의 성취감이 학습에 큰 영향을 미칩니다. 그러나 AI는 이러한 감정적 요소가 전혀 없으며, 단순히 데이터와 알고리즘에 따라 작동합니다. AI가 특정 작업에서 성공하거

AI 사고 철학

나 실패해도, 그 과정에서 느끼는 감정은 존재하지 않습니다.

마지막으로, 인간은 창의적 사고를 통해 새로운 개념을 도출하고 문제를 해결할 수 있는 반면, AI는 기존 데이터의 조합에서 벗어나지 못합니다. 인간은 이전에 겪지 못한 문제를 직관과 상상력을 활용하여 해결할 수 있으며, 이는 창의적 발상이 필요한 상황에서 두드러집니다. 예를 들어, 과학자는 관찰한 데이터를 바탕으로 전혀 새로운 가설을 세우거나 혁신적인 해결책을 고안할 수 있습니다. 그러나 AI는 학습 데이터에서 학습한 패턴 내에서만 작동하며, 데이터에 없는 새로운 해결책을 스스로 생성하지 못합니다.

항목	인간 학습 방식	AI 학습 방식
맥락적 학습 능력	맥락과 상황을 이해하며, 경험과 연결.	데이터 내 패턴 학습, 맥락 이해 불가.
감정과 동기	감정(성취감, 좌절감)과 동기가 학습에 큰 영향을 미침.	감정 없음, 순수 데이터와 알고리즘 기반 학습.
창의적 사고	직관과 상상력을 활용해 새로운 개념과 해결책 도출 가능.	기존 데이터 내에서만 학습하며 새로운 개념 생성 불가.
오류 처리	실패를 학습 경험으로 통합, 정서적 성장 촉진.	오류를 데이터로 분석해 알고리즘 개선.

4. AI와 인간 인지발달의 차이점

4.1 창의성과 직관

인간의 학습에서 창의성은 새로운 아이디어를 도출하고 문제를 독창적으로 해결하는 데 핵심적인 역할을 합니다. 창의성은 기존의 지식과 경험을 새로운 방식으로 결합하거나, 전혀 새로운 개념을 만들어내는 능력을 포함합니다. 예를 들어, 화가가 현실에서 본 장면을 바탕으로 상상 속 풍경을 그리거나, 발명가가 기존 기술을 재구성해 혁신적인 기계를 개발하는 과정은 창의성의 대표적인 사례입니다. 이러한 창의적 사고는 고정된 패턴을 벗어나기 때문에 인간의 학습과 성과에 있어 중요한 요소입니다.

또한, 인간은 직관을 통해 복잡한 문제를 빠르게 해결할 수 있습니다. 직관은 논리적인 분석이나 명확한 증거가 부족한 상황에서도 빠른 결정을 내리는 능력으로, 경험과 감각을 바탕으로 작동합니다. 예를 들어, 경험 많은 의사는 환자의 증상을 단번에 보고 심각한 질병을 직관적으로 의심할 수 있습니다. 이러한 직관은 종종 의식적인 사고를 뛰어넘어 작동하며, 시간이 부족하거나 정보가 불완전한 상황에서도 효과적인 해결책을 제공합니다.

반면, AI는 창의성과 직관이 결여된 학습 시스템입니다. AI

AI 사고 철학

는 주어진 데이터 내에서 패턴을 인식하고 이를 조합하여 문제를 해결할 수 있지만, 데이터에 없는 새로운 개념을 스스로 만들어내지는 못합니다. 또한, AI의 결정은 항상 알고리즘과 수학적 모델에 기반하며, 인간의 직관적 판단처럼 빠르고 모호한 상황에서 작동하지 않습니다. 예를 들어, 자율주행 AI는 교통 상황을 판단하기 위해 수많은 센서 데이터를 분석하지만, 갑작스러운 돌발 상황에서 직관적인 대응이 어려울 수 있습니다. 이는 인간의 창의적 사고와 직관이 여전히 AI가 따라갈 수 없는 고유한 강점임을 보여줍니다.

4.2 감정과 동기

감정이 학습에 미치는 역할

감정은 인간의 학습 과정에서 중요한 역할을 합니다. 긍정적인 감정은 학습 동기를 강화하고, 학습 경험을 더 오래 기억하도록 돕습니다. 예를 들어, 아이가 새로운 놀이를 배우며 즐거움을 느낄 때, 그 경험은 뇌에 깊이 각인되어 미래의 유사한 상황에서 쉽게 회상됩니다. 반대로, 부정적인 감정도 학습에 영향을 미칩니다. 실수나 실패로 인해 느끼는 좌절감은 해당 경험을 교정하고 더 나은 해결책을 찾는 계기가 됩니다. 이러한 감정적 요소는 학습에 대한 몰입도를 높이고, 더 깊이 있는 이해를 가능하게 합니다.

감정은 또한 동기 부여의 핵심 요소로 작용합니다. 인간은 감정을 통해 목표를 설정하고, 그 목표를 달성하기 위해 지속적으로 노력합니다. 예를 들어, 학생이 시험에서 좋은 성적을 받고 싶은 열망은 그로 하여금 더 열심히 공부하게 만드는 동기가 됩니다. 이처럼 감정은 인간의 학습을 이끄는 원동력으로, 새로운 지식과 기술을 습득할 때 중요한 역할을 합니다. 감정적 목표가 명확할수록 학습 과정은 더 효과적이고 의미 있게 전개됩니다.

AI의 비감정적 데이터 처리

반면, AI는 감정 없이 데이터만을 기반으로 학습합니다. AI의 학습 과정은 수학적 알고리즘과 데이터 분석을 통해 이루어지며, 인간처럼 감정적 Feedback에 반응하지 않습니다. 예를 들어, 머신러닝 모델은 특정 작업에서 오류가 발생하면 그저 데이터를 다시 학습하고 매개변수를 조정할 뿐입니다. 이러한 과정에서 AI는 인간의 좌절감이나 성취감과 같은 감정을 느끼지 않습니다. 이는 AI가 효율적이고 객관적인 학습을 가능하게 하지만, 동시에 감정적으로 풍부한 인간 학습 경험과는 본질적으로 다름을 의미합니다.

AI의 비감정적 특성은 특정 작업에서 강점이 될 수 있습니다. 예를 들어, 대규모 데이터 분석이나 복잡한 계산을 수행할

AI 사고 철학

때, AI는 인간처럼 감정적 스트레스를 받거나 집중력이 떨어지지 않습니다. 그러나 이러한 비감정적 접근은 인간이 감정적 맥락에서 이루어지는 복잡한 사회적 상호작용을 처리하는 방식과는 거리가 있습니다. 이는 AI가 인간 학습의 감정적 요소를 완전히 재현하거나 이해할 수 없는 이유를 설명합니다.

4.3 맥락과 상황 이해

인간은 학습 과정에서 맥락과 상황을 유연하게 이해할 수 있는 능력을 갖추고 있습니다. 이는 같은 정보라도 상황에 따라 다르게 해석하거나 적용할 수 있는 능력을 의미합니다. 예를 들어, "Apple"이라는 단어는 슈퍼마켓에서는 과일로, IT회사에서는 브랜드로 인식될 수 있습니다. 인간은 이러한 상황적 맥락을 즉각적으로 파악하고 적절한 의미를 선택합니다. 이처럼 유연한 사고는 인간이 복잡한 사회적 상호작용과 변화하는 환경에 적응할 수 있도록 돕습니다.

반면, AI는 맥락 이해에 제한적인 특성을 보입니다. AI는 주어진 데이터를 기반으로 패턴을 분석하고 결과를 도출하지만, 그 데이터가 제공하는 범위 내에서만 작동합니다. 예를 들어, 자연어 처리 모델이 "Apple"이라는 단어를 해석할 때, 특정 맥락이 명시적으로 제공되지 않으면 모든 가능한 의미를 고려하지 못할 수 있습니다. AI는 텍스트나 데이터를 통해 암시된 맥락을 부분적으로 이해할 수 있지만, 인간처럼 경험과 직관을 통해 상황 전체를 파악하는 데는 한계가 있습니다.

이러한 제한은 특히 예기치 못한 상황에서 두드러집니다. 인간은 이전에 겪어보지 못한 문제나 상황에서도 유연하게 대처할 수 있는만 AI는 학습된 데이터 범위 밖의 새로운 상황에서 종종 오류를 범하거나 적절한 해결책을 찾지 못합니다. 예를 들어, 자율주행 AI는 도로에서 발생하는 대부분의 상황을 처리할 수 있지만, 매우 드문 돌발 상황에서는 올바른 결정을 내리기 어려울 수 있습니다. 이는 AI가 인간처럼 전반적인 맥락과 상황을 통합적으로 이해하는 데 한계가 있음을 보여줍니다.

5. 미래 전망: 인지발달 연구와 AI 발전의 융합 가능성

5.1 인지발달 이론이 AI에 주는 시사점

장 피아제와 레프 비고츠키의 인지발달 이론은 인간의 학습과 성장 과정을 단계적으로 설명하며, 이는 AI 기술 개발에 중요한 통찰을 제공합니다. 피아제는 인간의 인지발달이 감각운동기, 전조작기, 구체적 조작기, 형식적 조작기라는 단계를 통해 이루어진다고 주장했습니다. 각 단계는 아이가 환경과 상호작용하며 점점 더 복잡한 사고와 문제 해결 능력을 키워가는 과정을 보여줍니다. 이와 비슷하게, AI도 초기에는 단순한

AI 사고 철학

패턴 인식에서 시작하여, 점진적으로 더 복잡한 문제를 해결하는 능력을 학습합니다.

비고츠키의 사회문화적 이론은 학습이 개인적인 경험뿐 아니라 사회적 상호작용과 문화적 맥락 속에서 이루어진다고 강조합니다. 그는 근접발달영역(ZPD) 개념을 통해, 인간이 도움을 통해 더 높은 수준의 학습을 이룰 수 있음을 설명했습니다. 이는 AI 시스템에서도 유사하게 적용됩니다. AI는 인간의 Feedback과 상호작용을 통해 성능을 향상시킬 수 있습니다. 예를 들어, 강화학습과 휴먼 인 더 루프(HITL) 방식은 AI가 사회적 협력을 통해 학습 결과를 개선할 수 있음을 보여줍니다.

인지발달 이론은 AI가 단순한 데이터 분석을 넘어 인간과 비슷한 학습 능력을 갖추기 위해 어떤 방향으로 나아가야 하는지에 대한 중요한 시사점을 제공합니다. 예를 들어, 피아제의 단계적 발달 이론은 AI 모델이 단순히 데이터를 축적하는 것을 넘어, 문제 해결 능력을 단계적으로 발전시킬 수 있도록 설계되어야 함을 암시합니다. 또한, 비고츠키의 사회적 학습 개념은 AI가 인간과 협력하며 학습할 수 있는 시스템으로 발전할 가능성을 제시합니다.

그러나 인지발달 이론이 AI에 주는 시사점 중 가장 중요한 부분은 AI의 한계를 인식하는 것입니다. 인간의 학습은 감정,

사회적 맥락, 그리고 직관에 깊이 뿌리내리고 있지만, AI는 여전히 이러한 요소들을 완전히 모방하지 못합니다. 따라서 AI 연구는 이러한 인간적 요소를 보완할 수 있는 기술을 개발하거나, 인간과 AI의 협력 시스템을 강화하는 방향으로 나아가야 합니다. 인지발달 이론은 AI 기술이 인간의 학습 방식을 더 잘 이해하고, 그 한계를 극복할 수 있는 토대를 마련하는 데 기여할 수 있습니다.

이론/개념	설명	AI에의 시사점
피아제의 단계적 발달	인간이 점진적으로 사고 능력을 발전시키며 학습 단계 경험.	AI 모델도 간단한 작업에서 시작해 점진적으로 복잡한 문제 해결 능력 학습.
비고츠키의 ZPD	도움을 받아 도달할 수 있는 학습 수준.	AI는 인간의 Feedback과 협력을 통해 성능 향상 가능.
사회적 상호작용	학습은 사회적 맥락과 협력을 통해 촉진됨.	AI가 인간과 협력하여 효율적인 학습 및 문제 해결.
한계 인식	인간은 감정, 직관, 맥락을 활용한 학습 가능.	AI는 감정과 맥락 이해가 부족하므로 인간적 요소를 보완해야 함.

5.2 AI가 인지 연구를 어떻게 도울 수 있는가

AI는 인지 연구에서 인간의 학습과 사고 과정을 분석하는 데 강력한 도구로 사용될 수 있습니다. 특히 머신러닝과 딥러

AI 사고 철학

닝 알고리즘은 대규모 데이터에서 패턴을 찾아내어 인간의 인지 과정을 모델링하거나 시뮬레이션하는 데 도움을 줍니다. 예를 들어, 뇌파 데이터와 같은 복잡한 생체 데이터를 AI로 분석하면 특정 인지 활동과 관련된 뇌의 반응을 더 정확하게 이해할 수 있습니다. 이를 통해 인지 연구자들은 인간의 기억 형성, 의사결정 과정, 문제 해결 전략을 더욱 체계적으로 탐구할 수 있습니다.

또한, AI는 가상 실험 환경을 제공하여 인지발달 이론을 테스트하거나 새로운 가설을 검증할 수 있도록 돕습니다. 예를 들어, 강화학습 모델을 사용하여 아이들이 문제를 해결하는 방식을 시뮬레이션하면, 특정 학습 전략이 아이들의 인지발달에 미치는 영향을 분석할 수 있습니다. 이러한 시뮬레이션은 인간 연구 참여자에게 실험하기 어려운 복잡한 상황을 가상으로 구현할 수 있어, 연구의 범위를 확장하는 데 기여합니다.

AI는 개인화된 학습 도구를 통해 인간의 학습 과정을 실시간으로 모니터링하고 개선하는 역할도 할 수 있습니다. AI 기반 학습 플랫폼은 학습자의 성취도와 학습 패턴을 분석하여, 개별적인 Feedback과 학습 경로를 제시합니다. 이를 통해 인지 연구자들은 인간의 학습 능력이 어떻게 시간에 따라 변화하는지, 어떤 환경이 학습에 가장 적합한지에 대한 실질적인 데이터를 얻을 수 있습니다.

마지막으로, AI는 정신 질환이나 인지 장애 연구에서도 중요한 역할을 합니다. 예를 들어, AI 모델은 알츠하이머나 ADHD와 같은 질환을 조기에 진단할 수 있는 패턴을 식별할 수 있습니다. 이러한 기술은 인지 연구자들이 특정 장애와 관련된 뇌의 기능적 변화나 행동적 특징을 이해하는 데 도움을 주어, 보다 효과적인 치료법 개발로 이어질 수 있습니다. AI는 인간의 인지 과정을 깊이 탐구하는 데 필요한 강력한 지원 도구로, 미래의 인지 연구를 혁신적으로 변화시킬 가능성을 제공합니다.

기여 영역	설명	예시
뇌파 데이터 분석	복잡한 생체 데이터를 분석하여 인지 활동과 관련된 패턴 식별.	특정 기억 형성과 연관된 뇌의 활성 영역 분석.
가상 실험 환경 제공	강화학습 모델을 활용한 인지 발달 시뮬레이션.	문제 해결 전략이 아이들의 학습 능력에 미치는 영향을 분석.
개인화 학습 도구 개발	학습자의 성취도와 학습 패턴을 분석하여 맞춤형 학습 경로 제공.	실시간 Feedback을 통해 학습자의 학습 속도와 효율 개선.
인지 장애 연구	인지 장애와 관련된 행동적/생물학적 특징을 분석하여 조기 진단 지원.	알츠하이머 초기 증상을 식별하거나 ADHD 관련 데이터를 분석.

AI 사고 철학

6. 결론

6.1 인간과 AI의 학습 이론 비교 요약

인간과 AI는 학습 방식에서 여러 공통점을 보이지만, 근본적인 차이도 존재합니다. 인간의 학습은 경험과 상호작용을 통해 이루어지며, 감정, 직관, 창의성이 중요한 역할을 합니다. 장 피아제의 인지발달 이론은 인간이 환경과의 상호작용 속에서 단계적으로 성장한다고 설명하며, 레프 비고츠키의 이론은 사회적 상호작용이 학습에 미치는 영향을 강조합니다. 반면, AI는 대규모 데이터를 기반으로 패턴을 학습하며, 인간의 감정이나 직관을 이해하지 못하는 제한적인 학습 시스템입니다. AI는 반복적인 데이터 처리와 Feedback을 통해 성능을 개선하지만, 창의적 문제 해결이나 맥락적 이해에서는 여전히 인간에 미치지 못합니다.

그러나 인간과 AI의 학습 방식은 상호보완적일 수 있습니다. AI는 인간이 처리하기 어려운 방대한 데이터를 분석하고 복잡한 문제를 빠르게 해결할 수 있는 강점을 가지고 있습니다. 동시에, AI는 인간의 학습을 지원하는 도구로 활용되어 맞춤형 학습과 실험적 연구에 기여할 수 있습니다. 이러한 비교는 인간의 인지발달 이론이 AI 발전에 중요한 통찰을 제공할 뿐만 아니라, AI가 인지 연구와 교육 분야에서 중요한 역할을 할 수 있음을 보여줍니다.

6.2 배운 점과 앞으로의 과제

다소 복잡한 내용이 많았다고 느꼈을 수도 있습니다만, 이 장에서 우리는 인간과 AI의 학습 방식이 서로 다른 강점과 한계를 지니고 있음을 확인했습니다. 인간의 학습은 감정, 직관, 창의성을 포함하여 풍부한 경험과 사회적 상호작용을 바탕으로 이루어집니다. 반면, AI는 대규모 데이터와 강력한 알고리즘을 통해 복잡한 문제를 효율적으로 해결하는 능력을 보여줍니다. 이러한 비교를 통해, 인간의 인지발달 이론은 AI 기술의 발전 방향을 안내하는 중요한 원천임을 알 수 있었습니다. 동시에, AI는 인간 학습의 한계를 보완하고, 맞춤형 교육과 인지 연구를 지원하는 도구로 활용될 수 있습니다.

앞으로의 과제는 인간의 고유한 학습 요소를 더욱 깊이 이해하고, 이를 AI 시스템에 효과적으로 통합하는 방법을 찾는 데 있습니다. AI가 인간처럼 맥락을 이해하고 창의적으로 문제를 해결하려면, 감정적 요소와 사회적 학습을 모방할 수 있는 새로운 기술이 개발되어야 합니다. 또한, AI의 데이터 편향 문제와 윤리적 사용에 대한 논의도 지속적으로 이루어져야 합니다. 인간과 AI의 협력을 통해 학습과 연구의 새로운 가능성을 열어가는 것은 앞으로의 중요한 도전 과제가 될 것입니다.

AI 사고 철학

제11장

아동 및 청소년 학습 이론과
AI의 학습 기법 비교

사람은 끊임없이 배우며 성장합니다. 학습은 단순히 학교에서 시험 점수를 올리는 것을 넘어, 새로운 정보를 이해하고 문제를 해결하며 세상과 상호작용하는 데 필수적인 과정입니다. 아이들이 세상을 배우는 방법은 자연스러운 호기심과 경험을 통해 이루어지며, 이를 뒷받침하는 다양한 학습 이론이 존재합니다. 이러한 이론들은 아이들이 더 효과적으로 배울 수 있도록 도와주는 중요한 지침을 제공합니다.

한편, 인공지능(AI)과 딥러닝 기술은 인간과 유사한 방식으로 학습하는 기계를 만들기 위해 끊임없이 발전하고 있습니다. AI는 방대한 데이터를 처리하여 패턴을 인식하고, 이를 바탕으로 새로운 정보를 생성하거나 문제를 해결합니다. 흥미로운 점은 이러한 AI 학습 방식이 인간의 학습 이론과 놀라울 정도로 유사하다는 것입니다. 하지만 동시에 기계와 인간이 배우는 방식에는 근본적인 차이도 존재합니다.

이 장에서는 아동과 청소년의 학습 이론과 AI의 학습 기법을 비교하여 살펴볼 것입니다. 이를 통해 두 학습 방식이 어떻게 유사하며, 또 어떻게 다른지 쉽게 이해할 수 있도록 설명하려고 합니다. 각 학습 이론과 AI 기법이 실제로 어떻게 적용되는지를 이해하면, 인간과 AI가 서로의 장점을 활용해 학습의 새로운 가능성을 열어갈 방법도 보일 것입니다.

궁극적으로, 이 비교를 통해 독자들은 인간의 학습과 AI 학습이 어떻게 조화를 이루며, 우리가 더 나은 학습 경험을 만들어갈 수 있는지에 대한 통찰을 얻을 수 있을 것입니다. 이는 단순히 AI의 기술적 진보에 그치는 것이 아니라, 우리 일상에서 학습의 질을 높이는 데에도 중요한 역할을 할 것입니다.

1. 학습이란 무엇일까?

1.1 인간과 AI가 배우는 방식의 기본 개념

학습은 새로운 정보를 받아들이고 이를 바탕으로 행동을 변화시키는 과정입니다. 인간의 학습은 일상생활에서 경험을 통해 자연스럽게 이루어지기도 하고, 학교나 책을 통해 의도적으로 지식을 습득하기도 합니다. 우리는 다양한 감각을 통해 세상을 관찰하고, 이를 기억에 저장하며, 필요할 때 꺼내어 활용합니다. 이러한 과정은 단순히 지식을 쌓는 것을 넘어, 문제를 해결하거나 새로운 상황에 적응하는 데에도 큰 도움을 줍니다.

반면, 인공지능의 학습은 데이터에 기반하여 이루어집니다. AI는 대량의 데이터를 분석해 패턴을 인식하고, 이를 통해 새로운 문제를 해결하거나 예측을 수행합니다. 예를 들어, AI가 수천 개의 고양이 이미지를 학습하면, 새로운 고양이 사진을 보여주었을 때 이를 고양이라고 인식할 수 있습니다. 이처럼 AI의 학습은 데이터를 중심으로 이루어지며, 이러한 데이터가 많을수록 학습의 정확도와 효과가 높아집니다.

	인간	인공지능
입력	관찰과 경험을 통해 새로운 정보를 습득	텍스트, 이미지, 음성 등 다양한 데이터를 수집
처리	감각, 기억, 직관을 통해 정보를 통합	알고리즘과 신경망을 활용해 분류
Feedback 루프	실패나 성공을 통해 학습 방향 조정	손실 함수 계산과 데이터 기반 응답 성능 개선
응용	새로운 상황에서 기존 지식을 활용해 창의적으로 접근	새로운 데이터에 기존 데이터를 적용해 통계적으로 접근

흥미로운 점은 인간과 AI 모두 학습에서 Feedback을 중요하게 여긴다는 것입니다. 인간은 새로운 정보를 접할 때 이를 기존 지식과 비교하고, 잘못된 점을 수정하며 학습을 지속합니다. 마찬가지로 AI도 학습 과정에서 오류가 발생하면 이를 수정하기 위해 Feedback 루프를 활용합니다. 예를 들어, AI가 특정 작업에서 오류를 반복하면, 추가 데이터를 통해 성능을 개선하도록 재학습할 수 있습니다.

그러나 인간의 학습은 감정과 사회적 상호작용과 깊이 연관되어 있습니다. 우리는 단순히 정보를 외우는 것이 아니라, 이를 다른 사람들과 공유하고 감정적으로 경험하며 더욱 깊이 학습합니다. 반면, AI의 학습은 이런 정서적 요소 없이 오직 데이터와 알고리즘에 의해 진행됩니다. 이 차이는 인간이 창의적이고 직관적인 문제 해결 능력을 발달시키는 데 중요한 역할을 합니다.

결국, 인간과 AI의 학습은 그 방식과 목적은 다르지만, 본질적으로 새로운 정보의 습득과 이를 활용한 문제 해결이라는 공통된 목표를 향해 나아갑니다. 이 장에서는 이 두 학습 방식이 어떤 점에서 비슷하고, 어떤 점에서 다른지 구체적으로 탐구할 것입니다.

1.2 학습의 목적: 인간의 성장 vs. AI의 성능 향상

인간의 학습은 개인의 성장과 사회적 참여를 위해 필수적입니다. 아이들은 학습을 통해 세상의 규칙을 이해하고, 자신의 역할을 발견하며, 사회 구성원으로서 필요한 기술과 태도를 습득합니다. 예를 들어, 언어를 배우는 과정에서 단순히 말하는 법을 익히는 것이 아니라, 다른 사람들과 의사소통하는 방법을 배우고, 더 나아가 감정을 표현하며 관계를 형성합니다.

또한, 인간 학습의 목적은 단순히 기능적 능력을 쌓는 것에 그치지 않고, 자아를 실현하고 더 나은 삶을 살아가는 데 있습니다. 예를 들어, 음악을 배우는 것은 단순히 악기를 연주하는 기술을 익히는 것뿐 아니라, 자기 표현과 정서적 만족을 통해 삶의 질을 높이는 데 기여합니다. 인간은 학습을 통해 자신만의 고유한 재능과 잠재력을 발휘하며, 이는 개인적인 만족과 사회적 기여로 이어집니다.

반면, AI의 학습은 주로 특정한 성능을 향상시키는 데 중점을 둡니다. AI 모델이 데이터를 학습하는 이유는 주어진 작업에서 더 높은 정확도와 효율성을 달성하기 위해서입니다. 예를 들어, AI가 음성 인식을 학습하면, 목표는 더 많은 음성을 정확히 인식하고, 실시간으로 빠르게 처리하는 데 있습니다. AI의 학습은 항상 특정한 과제를 더 잘 수행하기 위한 성능 향상으로 귀결됩니다.

AI 학습의 또 다른 중요한 목표는 일반화입니다. 이는 학습한 데이터에서 얻은 지식을 바탕으로, 새로운 데이터에서도 비슷한 성과를 내는 능력을 의미합니다. 인간이 새로운 상황에서도 배운 지식을 적용할 수 있는 것처럼, AI도 다양한 상황에서 일관된 결과를 내기 위해 일반화된 학습이 필요합니다. 그러나 AI의 일반화는 인간의 창의적 사고와는 다소 거리가 있습니다.

> **인간 학습:**
> 호기심 → 경험 및 사회적 상호작용 → 지식 습득 → 성장 및 자기 실현.
>
> **AI 학습:**
> 데이터 입력 → 알고리즘 학습 패턴 인식 → 성능 최적화 → 효율적 과제 수행.

결론적으로, 인간과 AI 모두 학습을 통해 성장하거나 성능을 개선하지만, 그 궁극적인 목적은 다릅니다. 인간 학습의 목적이 개인의 전인적 발전과 사회적 기여에 있다면, AI의 학습은 특정 과제의 효율적 수행과 성능 최적화에 있습니다. 이를 바탕으로, 학습의 본질과 목표를 비교하며 더 깊이 이해할 수 있는 기반을 마련하고자 합니다.

2. 아동과 청소년이 배우는 방법: 학습 이론 탐구

2.1 공부를 잘하려면? 연반추 학습과 분산 학습의 힘

> **연반추 학습 적용:**
> "학생들이 매일 짧은 시간 동안 배운 내용을 복습하며 시험 준비."
>
> **분산 학습 적용:**
> "언어 학습자가 매일 30분씩 학습 세션을 반복하며 단어와 문법 강화."
>
> **AI 학습 유사점:**
> "AI 모델이 전이 학습을 통해 이전 데이터의 패턴을 새로운 작업에 적용."

공부를 잘하기 위한 핵심 전략 중 하나는 적절한 시점에

AI 사고 철학

복습하는 것입니다. 이를 학습 이론에서는 연반추 학습(Soft Review Learning)이라고 합니다. 연반추 학습은 정보를 한 번에 몰아서 학습하는 대신, 점진적으로 복습하면서 기억을 강화하는 방법입니다. 예를 들어, 시험 전날 밤새도록 공부하는 것보다, 며칠 동안 반복적으로 복습하는 것이 훨씬 효과적입니다.

이와 관련된 또 다른 강력한 전략은 분산 학습(Spaced Learning)입니다. 분산 학습은 일정한 간격을 두고 학습하는 방법으로, 정보를 오래 기억하는 데 도움을 줍니다. 심리학 연구에 따르면, 짧고 빈번한 학습 세션이 긴 시간 동안 한 번에 몰아서 공부하는 것보다 더 효과적입니다. 이는 우리의 뇌가 정보를 장기 기억으로 전환하는 데 시간이 필요하기 때문입니다.

연반추 학습과 분산 학습은 함께 사용할 때 더욱 강력한 효과를 발휘합니다. 예를 들어, 오늘 배운 내용을 다음날 가볍게 복습하고, 일주일 후 다시 복습하는 식으로 학습 간격을 늘려나가면, 정보가 점점 더 깊게 기억에 자리 잡게 됩니다. 이 방법은 시험 준비뿐만 아니라, 새로운 언어를 배우거나 기술을 익히는 데에도 유용합니다.

흥미롭게도, AI의 전이 학습(Transfer Learning)과 분산 학습은 유사한 점이 있습니다. 전이 학습은 AI가 이전에 학습한 지식을 새로운 문제에 적용하는 방법으로, 사람의 연반추 학습처럼 새로운 정보를 효과적으로 통합하는 데 도움을 줍니다. AI

도 데이터를 반복적으로 학습하여 일반화된 패턴을 형성하듯,
인간의 뇌도 반복 복습을 통해 정보를 구조화합니다.

항목	연반추 학습	분산 학습
학습 방식	점진적으로 정보를 복습하여 기억 강화	일정 간격으로 학습 세션을 분산하여 정보 유지
적용 사례	하루 후, 일주일 후, 한 달 후 반복 복습	짧고 빈번한 학습 세션으로 언어 학습이나 기술 습득
효과	장기 기억 강화, 반복 학습으로 정보 체계화	정보 유지력 증대, 학습 피로 최소화
유사 학습 기법 (AI)	AI의 전이 학습(Transfer Learning)	AI의 반복 학습(Repeated Training)

결론적으로, 연반추 학습과 분산 학습은 아동과 청소년이
효율적으로 학습할 수 있도록 돕는 강력한 도구입니다. 학부
모나 교사가 이러한 학습 전략을 활용하여 아이들에게 맞춤형
학습 계획을 제공한다면, 아이들은 더 적은 노력으로 더 많은
것을 배울 수 있을 것입니다.

AI 사고 철학

2.2 기억을 돕는 검사 효과와 간격 효과

> **검사 효과:**
> "학생이 매일 배운 내용을 퀴즈 형식으로 테스트하며 기억 강화."
>
> **간격 효과:**
> "달력에 복습 스케줄을 설정하여 정보 회상을 주기적으로 반복."
>
> **AI의 강화 학습:**
> "AI가 게임을 플레이하며 보상을 기반으로 점점 더 나은 전략 학습."

    검사는 단순히 학생의 학습 성과를 평가하는 도구로 여겨질 때가 많지만, 사실 학습 자체를 촉진하는 강력한 수단이 될 수 있습니다. 이를 검사 효과(Testing Effect)라고 합니다. 검사 효과는 학습한 내용을 자주 테스트할수록 기억이 더 잘 유지된다는 원리입니다. 즉, 시험이나 퀴즈를 보는 과정이 단순한 평가가 아니라, 기억을 강화하는 중요한 학습 활동이 됩니다.

    검사의 학습 효과는 우리의 뇌가 정보를 회상하는 과정을 통해 강화되기 때문입니다. 정보를 다시 떠올리려는 시도가 기억을 강화하고, 해당 정보를 더 오래 유지하도록 돕습니다. 예를 들어, 수학 문제를 반복적으로 풀거나 외운 단어를 자주 테스트하면, 정보가 장기 기억으로 전환되는 속도가 빨라집니다.

    간격 효과(Spacing Effect)와 검사 효과는 함께 활용될 때 특히 효과적입니다. 간격 효과는 학습과 학습 사이의 간격을 둠으로써 기억을 강화하는 방법을 말합니다. 예를 들어, 오늘 배운 내용을 3일 후 다시 테스트하고, 일주일 뒤 한 번 더 복습하면, 정보가 더욱 깊이 뇌에 각인됩니다. 간격을 두고 검사할 때마다 회상 과정이 반복되면서 학습 효과가 극대화됩니다.

항목	검사 효과	간격 효과
정의	학습 내용을 자주 테스트하여 기억을 강화	학습과 복습 사이 간격을 두어 기억을 강화
작동 원리	회상 과정이 기억을 활성화하고 강화	반복과 간격이 기억 형성을 최적화
적용 방법	퀴즈, 문제 풀이, 회상 연습	복습 스케줄 설계, 간격을 둔 테스트
효과 극대화 방법	간격을 두고 테스트하여 회상과 반복 효과 결합	검사 효과를 통해 간격 학습의 기억 유지력 강화

AI의 강화 학습(Reinforcement Learning)도 이와 유사한 메커니즘을 사용합니다. AI는 특정 작업을 수행한 후 Feedback을 통해 결과를 개선합니다. 검사 효과가 인간의 뇌에 회상과 Feedback을 제공하여 학습을 강화하는 것처럼, 강화 학습은 AI가 Feedback을 통해 최적의 결과를 학습하도록 돕습니다.

항목	검사 효과	AI 강화 학습
학습 과정	정보를 회상하며 기억 강화	Feedback을 통해 최적의 행동 학습
Feedback 활용	테스트를 통해 잘못된 부분 수정	보상 신호를 기반으로 모델 개선
반복 효과	회상과 반복 테스트로 기억 체계화	반복 학습을 통해 알고리즘 성능 향상
적용 사례	시험 준비, 단어 암기, 수학 문제 풀이	자율 주행, 게임 플레이, 추천 시스템

결론적으로, 검사 효과와 간격 효과는 아동과 청소년의 학습을 효율적으로 만드는 중요한 전략입니다. 이 두 이론을 활용하면, 학생들은 정보를 단순히 암기하는 것이 아니라, 깊이 이해하고 오랫동안 기억할 수 있습니다.

2.3 자기 주도 학습을 키우는 자기설명과 정교화 질문

자기설명 적용:
"학생이 과학 실험의 절차를 스스로 설명하며 결과를 이해."

정교화 질문 적용:
"역사 수업에서 사건의 맥락과 중요성을 묻는 질문을 통해 학습 내용 확장."

AI CoT(Chain of Thought) 방식:
"AI가 복잡한 계산 문제를 단계적으로 풀며 논리를 설명."

자기설명(Self-Explanation)은 학습자가 스스로 학습 내용을 설명하며 이해를 심화하는 방법입니다. 예를 들어, 수학 문제를 푸는 과정에서 "왜 이렇게 풀었지?"라고 스스로에게 묻고 답하는 과정은 자신의 이해도를 점검하고 강화를 돕습니다. 이는 단순히 답을 맞히는 것보다 학습에 더 깊은 인사이트를 제공합니다.

정교화 질문(Elaborative Interrogation)은 학습자가 "왜?"라는 질문을 통해 학습 내용을 확장하고 연결하는 전략입니다. 예를 들어, 역사 공부에서 "왜 이 사건이 중요할까?"라는 질문을 던지면, 학습자는 사건의 맥락을 이해하고, 관련 정보를 연결하며 학습 효과를 높일 수 있습니다. 이 전략은 학습자가 표면적인 암기를 넘어서, 더 깊이 이해하고 문제를 분석하는 능력을 개발하는 데 효과적입니다.

항목	자기설명 (Self-Explanation)	정교화 질문 (Elaborative Interrogation)
정의	학습자가 스스로 학습 내용을 설명하며 이해를 심화	"왜?"라는 질문을 통해 학습 내용을 확장하고 연결
목적	자신의 사고 과정을 점검하고 이해도를 강화	학습 내용을 맥락과 연결하여 깊이 있는 이해를 도모
적용 사례	문제 풀이 시 풀이 과정을 설명하며 점검	역사, 과학 등에서 중요한 질문을 던져 정보 확장

AI 사고 철학

효과	이해의 틈을 발견하고 보완	학습 내용을 구조화하고 분석적 사고 능력 강화
AI와의 유사점	AI의 Chain of Thought 방식과 유사	AI가 데이터 간의 관계를 학습하고 연결하는 방식과 유사

이 두 전략은 학습자가 단순히 정보를 받아들이는 수동적 학습에서 벗어나, 능동적으로 학습에 참여하도록 돕습니다. 스스로 설명하고 질문하는 과정에서 학습자는 자신의 사고 과정을 점검하며, 이해의 틈을 발견하고 채워나갑니다. 이는 학습의 질을 높이고, 더 나아가 비판적 사고 능력을 기르는 데 중요한 역할을 합니다.

흥미롭게도, AI의 CoT 방식도 자기설명과 유사한 특징을 가집니다. CoT는 AI가 문제를 단계적으로 해결하며 각 단계에서의 논리를 설명하도록 유도하는 방식입니다. 이는 복잡한 문제를 해결하는 데 효과적이며, 인간의 자기설명 과정과 닮아 있습니다.

항목	자기설명(Self-Explanation)	AI의 CoT
목적	문제를 단계별로 설명하며 이해도를 높임	문제 해결을 위한 단계적 논리를 생성하여 답 도출
사고 과정	각 단계에서 "왜?"를 점검하며 사고를 확장	각 단계의 논리를 점진적으로 연결

적용 사례	수학 문제 풀이, 개념 설명	복잡한 문제 해결(예: 계산 문제, 논리적 추론)
결과	깊이 있는 이해와 창의적 문제 해결	최적의 결과를 도출하기 위한 논리적 사고 강화

결론적으로, 자기설명과 정교화 질문은 학습자가 자신만의 학습 스타일을 개발하고, 깊이 있는 이해를 끌어낼 수 있는 강력한 도구입니다. 이를 통해 학생들은 단순히 정보를 외우는 것을 넘어, 새로운 문제를 창의적으로 해결하는 능력을 기를 수 있습니다.

3. AI와 딥러닝의 학습 방식: 기계는 어떻게 배울까?

3.1 전이 학습: 새로운 문제를 해결하는 AI의 방법

AI 전이 학습:
"얼굴 인식 모델을 활용해 표정 인식으로 전환하여 데이터 활용 극대화."

인간 학습 사례:
"한 번 배운 수학 공식을 유사한 문제 해결에 적용하며 학습 속도 증가."

AI와 인간 협력:
"AI가 의료 데이터를 기반으로 학습한 모델을 새로운 질병 진단에 활용."

AI의 학습 방식 중 하나인 전이 학습(Transfer Learning)은 이

AI 사고 철학

전에 배운 지식을 활용해 새로운 문제를 해결하는 방법입니다. 이는 인간이 과거의 경험을 바탕으로 새로운 상황에 적응하는 방식과 유사합니다. 예를 들어, 한 번 자전거를 타는 법을 배운 사람은 유사한 원리를 적용해 스쿠터를 배우는 데도 어려움이 없습니다. AI도 마찬가지로, 이전에 학습한 모델을 새로운 작업에 적용하여 시간을 절약하고 성능을 향상시킬 수 있습니다.

전이 학습은 특히 데이터가 부족한 상황에서 강력한 도구가 됩니다. 많은 AI 모델은 대량의 데이터를 필요로 하지만, 모든 문제에서 항상 충분한 데이터를 구할 수 있는 것은 아닙니다. 전이 학습은 이미 학습된 모델을 활용하여 새로운 데이터가 적더라도 효과적으로 학습할 수 있게 도와줍니다. 예를 들어, 얼굴 인식을 학습한 AI 모델을 활용해 표정 인식에 적용할 수 있습니다.

전이 학습의 단계적 적용 과정 Flow Chart

1. 기존 모델 학습:
대량 데이터로 기본 모델 훈련.

2. 새로운 문제 적용:
기존 모델의 지식을 새로운 문제에 적용.

3. 미세 조정(Fine-tuning):
새로운 데이터로 추가 학습하여 성능 최적화.

4. 문제 해결:
새로운 상황에서 높은 성능으로 문제 해결.

이 방법은 AI 개발자들에게도 효율성을 제공합니다. 새로운 문제를 해결하기 위해 처음부터 AI를 학습시키는 데 드는 시간과 비용을 줄일 수 있기 때문입니다. 기존의 사전 훈련된 모델을 활용하여 추가적인 미세 조정(Fine-tuning)을 통해 성능을 극대화할 수 있습니다. 이는 특히 의료, 금융, 언어 처리 분야에서 유용하게 쓰입니다.

인간의 학습과 비교하자면, 전이 학습은 사람의 연반추 학습과 비슷한 면이 있습니다. 사람도 새로운 정보를 배우기 전에 기존의 지식을 바탕으로 기본 개념을 빠르게 이해하려는 경향이 있습니다. 예를 들어, 한 번 수학 공식의 원리를 이해한 학생은 다른 비슷한 문제를 더 쉽게 풀 수 있습니다.

결론적으로, 전이 학습은 AI가 새로운 문제에 빠르게 적응할 수 있게 만드는 중요한 기법입니다. 이는 인간이 경험을 통해 학습을 가속하는 방식과 유사하며, AI가 더 적은 데이터로 더 많은 작업을 수행할 수 있도록 돕습니다.

항목	인간 학습	AI 전이 학습
기존 지식 활용	과거 경험과 지식을 기반으로 새로운 상황에 적응	사전 훈련된 모델의 지식을 새로운 작업에 적용
학습 속도	기존 개념을 기반으로 빠르게 새로운 정보를 습득	초기 모델을 활용하여 학습 시간 단축

AI 사고 철학

데이터 요구량	기존 지식을 바탕으로 적은 정보로도 학습 가능	적은 데이터로 추가적인 학습 가능
적용 예시	수학 공식 이해 후 다른 문제 해결	얼굴 인식 모델을 표정 인식으로 전환
효과	새로운 문제 해결에 창의적으로 접근	데이터 효율성을 높이고 성능 최적화

3.2 강화 학습: 보상을 통해 배우는 기계

AI 강화 학습 사례:
"자율주행차가 교통 상황에 맞춰 최적의 운전 행동을 학습."

인간 학습 사례:
"아이들이 놀이를 통해 문제 해결과 적응 능력을 익히는 과정."

융합 사례:
"강화 학습을 활용한 AI 로봇이 인간과 협력하여 복잡한 작업 수행."

강화 학습(Reinforcement Learning)은 AI가 시행착오를 통해 학습하는 방식입니다. 이 기법은 인간이 경험을 통해 배우는 방식과 흡사합니다. 강화 학습의 핵심은 보상과 벌점입니다. AI는 어떤 행동이 목표를 달성하는 데 얼마나 효과적인지를 학습하면서, 더 높은 보상을 받기 위해 행동을 최적화합니다. 예를 들어, 게임을 플레이하는 AI는 점수를 최대화하기 위해 전략을 수정하며 학습합니다.

강화 학습은 명확한 목표가 설정된 상황에서 특히 효과적입니다. 예를 들어, 체스 게임에서 AI는 상대방을 이기기 위해 다양한 움직임을 시도하고, 그 결과에 따라 전략을 조정합니다. 이 과정에서 AI는 승리라는 최종 목표를 달성하기 위해 가장 효율적인 방법을 학습하게 됩니다. 이러한 학습 방식은 단순히 규칙을 외우는 것과는 달리, 전략적 사고를 요구합니다.

강화 학습의 순환 과정 Flow Chart

1. 환경 설정:
AI가 학습할 환경과 목표 정의.

2. 행동 선택:
가능한 행동 중 하나를 시도.

3. Feedback 수집:
행동의 결과로 보상(positive) 또는 벌점(negative) 수집.

4. 정책 업데이트:
학습 알고리즘이 Feedback을 기반으로 행동 전략을 수정.

흥미롭게도, 강화 학습은 인간의 학습에서도 자주 발견됩니다. 예를 들어, 아이가 자전거를 배우는 과정에서 넘어지면 다음에는 균형을 잡으려 노력합니다. 이런 반복된 시행착오와 성공 경험을 통해 아이는 자전거 타기를 마스터하게 됩니다. 강화 학습은 이런 인간의 학습 과정을 모델링하여 AI가 유사한

AI 사고 철학

방식으로 학습할 수 있도록 합니다.

또한, 강화 학습은 단순히 목표를 달성하는 데 그치지 않고, 최적의 결과를 도출하는 데 초점을 맞춥니다. 이는 AI가 복잡한 환경에서 적응하고 학습하는 데 중요한 역할을 합니다. 예를 들어, 자율주행차는 강화 학습을 통해 교통 상황에 맞는 최적의 운전 행동을 학습할 수 있습니다.

벤다이어그램	AI 강화 학습	공통점	인간 학습
차이점	데이터 기반, 감정 없음	시행착오와 Feedback 활용, 점진적 성능 향상	감정과 직관 기반, 창의성
공통점	보상을 통해 최적의 행동 학습	목표 달성을 위한 지속적 학습	성공 경험을 통해 행동 수정

결론적으로, 강화 학습은 AI가 복잡한 문제를 해결하고, 실시간으로 변화하는 환경에 적응할 수 있게 만드는 강력한 학습 방식입니다. 이는 인간의 시행착오 학습과 유사하며, AI가 더욱 스마트하고 효율적으로 작동하도록 돕습니다.

항목	인간 학습	AI 강화 학습
학습 방식	시행착오를 통해 행동 수정	보상과 벌점을 통해 행동 전략 최적화

Feedback 종류	성공(칭찬)과 실패(실수)	보상(positive), 벌점(negative)
학습 목표	새로운 기술 습득, 적응	환경에서 최적의 결과 도출
적용 사례	자전거 타기, 운동 기술 학습	자율주행, 게임 플레이, 로봇 제어
장점	창의적 접근, 감정적 동기	대규모 데이터 기반 최적화, 복잡한 환경 적응

3.3 CoT : AI가 논리적으로 생각하는 법

CoT는 AI가 논리적 사고를 강화하기 위해 설계된 학습 방법입니다. CoT의 핵심은 문제를 해결하는 과정을 단계별로 나누어 명확하게 설명하는 것입니다. 이는 복잡한 문제를 해결하거나, 여러 단계의 추론이 필요한 상황에서 매우 효과적입니다. 예를 들어, 수학 문제를 푸는 AI가 CoT 방식을 사용하면, 문제를 단계적으로 분석하고 풀이 과정을 설명하면서 정답에 도달하게 됩니다.

AI 사고 철학

CoT의 단계적 사고 과정 Flow Chart

1. 문제 입력:
문제를 분석하여 이해.

2. 논리적 단계 나누기:
문제를 해결 가능한 작은 단계로 분리.

3. 각 단계 추론:
단계별 논리 검토 및 결과 생성.

4. 최종 결과 도출:
모든 단계를 통합하여 최종 답 도출.

이 방법은 인간의 논리적 사고 과정과 유사합니다. 사람도 복잡한 문제를 해결할 때 한 번에 답을 찾는 것이 아니라, 문제를 여러 단계로 나누어 각 단계에서 논리를 검토합니다. 예를 들어, 수학 문제를 풀 때 먼저 공식을 적용하고, 계산을 단계적으로 진행하여 최종 결과를 도출하는 방식이 이에 해당합니다.

항목	AI의 CoT 방식	인간의 논리적 사고
문제 접근법	문제를 단계별로 분리하여 해결	문제를 논리적 단위로 나누어 단계적으로 검토
추론 방식	알고리즘 기반의 단계적 추론	경험과 직관을 활용한 단계적 추론

결과 설명	각 단계의 논리를 명확히 기록하고 설명	각 단계를 이해하고 통합하여 최종 답 도출
적용 예시	복잡한 계산 문제, 데이터 분석, 의사결정 지원	수학 문제 풀이, 과학 실험 절차, 논문 작성
효과	복잡한 문제 해결, 결과의 투명성	논리적 사고 강화, 문제 해결 능력 증대

CoT는 AI가 인간과 유사한 방식으로 추론할 수 있도록 돕는 중요한 기법입니다. 기존의 AI는 단순히 입력 데이터를 처리하고 결과를 출력하는 데 그쳤다면, CoT 방식은 그 과정에서의 논리적 흐름을 명확히 설명하게 합니다. 이는 AI가 복잡한 의사결정을 내리거나, 사용자가 결과를 이해하기 쉽게 설명할 때 유용합니다.

특히, CoT는 교육 분야에서도 큰 잠재력을 가지고 있습니다. AI 튜터가 학생들에게 문제를 단계별로 설명하고, 각 단계의 논리를 이해하도록 돕는 방식으로 활용될 수 있습니다. 이는 학생들이 문제를 보다 깊이 이해하고, 논리적 사고 능력을 기르는 데 기여할 수 있습니다.

Chain of Thought (CoT) 프롬프트 사례

문제:

"상점에서 사과 3개를 1개에 2달러씩 구매하고, 오렌지 5개를 1개에 1.5달러씩 구매했습니다. 총 비용은 얼마인가요?"

프롬프트 입력:

"문제를 단계적으로 분석하여 풀이 과정을 논리적으로 설명하세요.
1. 사과의 총 비용을 계산합니다.
2. 오렌지의 총 비용을 계산합니다.
3. 사과와 오렌지의 총 비용을 합산하여 결과를 도출합니다."

CoT 기반 AI의 답변:

사과 3개를 각각 2달러에 구매하므로, 사과의 총 비용은 $3 \times 2 = 6$ 달러입니다.
오렌지 5개를 각각 1.5달러에 구매하므로, 오렌지의 총 비용은 $5 \times 1.5 = 7.5$ 달러입니다.
총 비용은 사과와 오렌지의 비용을 합한 것으로, $6 + 7.5 = 13.5$ 달러입니다.
정답: 총 비용은 13.5달러입니다.

결론적으로, CoT는 AI가 단순한 문제 해결을 넘어, 인간과 유사한 방식으로 논리적 사고를 수행할 수 있도록 하는 중요한 도구입니다. 이를 통해 AI는 복잡한 문제를 해결하고, 그 과정을 명확히 설명하며, 인간과 더욱 효과적으로 협력할 수 있는 가능성을 열어갑니다.

4. 학습 이론과 AI 기법의 흥미로운 비교

4.1 연반추 학습 vs. 전이 학습 – 인간의 반복 복습과 AI의
이전 경험 활용

연반추 학습(Soft Review Learning)은 인간 학습에서 반복 복습을 통해 기억을 강화하는 방법입니다. 학습자가 일정한 간격으로 이전에 배운 내용을 복습하면, 장기 기억으로의 전환이 더 잘 이루어집니다. 예를 들어, 시험공부를 할 때 오늘 배운 내용을 며칠 후 복습하면 정보가 더 오래 기억됩니다. 이는 인간이 자연스럽게 사용하는 매우 효율적인 학습 전략입니다.

AI의 전이 학습(Transfer Learning)은 기존에 학습한 지식을 새로운 문제에 적용하는 방법입니다. 이는 AI가 이전에 훈련된 모델을 바탕으로 새로운 데이터를 빠르게 학습할 수 있도록 도와줍니다. 예를 들어, 이미 고양이와 개를 구분하는 방법을 학습한 AI 모델은, 새로운 동물인 사자를 인식하는 데 필요한 학습 시간을 크게 단축할 수 있습니다.

항목	연반추 학습	전이 학습
정의	일정 간격으로 복습하여 기억을 강화	기존 학습된 모델을 활용하여 새로운 작업에 적응
목적	기존 지식의 유지력 향상	새로운 작업의 효율적 수행

AI 사고 철학

학습 방식	반복 복습과 장기 기억 형성	사전 학습된 지식을 활용하여 추가 학습
적용 사례	시험 준비, 언어 단어 암기	얼굴 인식 모델을 표정 인식 작업에 활용
장점	기억의 안정화, 학습 내용의 깊이 있는 연결	데이터와 시간의 효율성 증대
차이점	감정적 동기와 연결	감정적 요소 없이 패턴 기반 학습

연반추 학습과 전이 학습은 모두 기존 지식을 활용하여 새로운 정보를 학습한다는 공통점이 있습니다. 인간은 반복 복습을 통해 기존 지식을 강화하고 새로운 정보를 연결하며, AI는 기존 모델의 가중치를 활용하여 새로운 작업에 적응합니다. 이 두 방법은 새로운 상황에서 과거의 경험을 활용한다는 점에서 유사합니다.

그러나 이 두 기법의 차이점도 분명합니다. 연반추 학습은 주로 기억 강화를 목표로 하며, 복습을 통해 기존 지식의 유지력을 높입니다. 반면, 전이 학습은 기존 지식의 재활용을 통해 새로운 작업을 효율적으로 수행하는 데 초점을 맞춥니다. 이는 AI가 빠르게 새로운 작업에 적응할 수 있도록 하는 중요한 기술입니다.

또한, 인간의 연반추 학습은 감정과 동기 부여와도 연결되어 있습니다. 복습을 통해 성취감을 느끼거나 학습의 즐거움을 발견하는 것은 인간 학습의 독특한 특징입니다. 반면, AI는 단순히 데이터를 기반으로 패턴을 인식하고 새로운 작업에 적용할 뿐 감정적 요소는 포함되지 않습니다.

결론적으로, 연반추 학습과 전이 학습은 각각 인간과 AI 학습의 핵심 전략으로, 기존 지식을 효과적으로 활용하는 방법을 보여줍니다. 이를 이해함으로써 학습의 본질과 인간과 AI의 강점을 더 깊이 탐구할 수 있습니다.

4.2 분산 학습 vs. 강화 학습 – 쉬어가며 배우는 인간, 시행착오로 배우는 AI

분산 학습(Spaced Learning)은 학습 세션을 시간 간격을 두고 나누어 진행하는 방식입니다. 이 방법은 짧고 집중적인 학습 세션을 반복하면서 중간에 휴식을 취함으로써 기억과 이해를 강화합니다. 예를 들어, 하루에 10시간 연속 공부하는 대신 2시간씩 나누어 며칠간 공부하면 더 효율적입니다. 이는 우리의 뇌가 휴식 시간 동안 정보를 처리하고 저장하는 데 도움을 주기 때문입니다.

AI의 강화 학습(Reinforcement Learning)은 시도와 실패를 반복하며 목표를 달성하는 방법입니다. AI는 특정 행동에 대해 보상과 벌점을 통해 학습하며, 보상을 극대화하기 위해 전략을 조정합니다. 예를 들어, 게임을 플레이하는 AI는 이기는 방법을 찾기 위해 다양한 전략을 시도하고, 그 결과를 바탕으로 다음 행동을 조정합니다.

항목	분산 학습	강화 학습
정의	시간 간격을 두고 학습 세션을 나누어 진행	보상과 벌점을 통해 최적의 행동을 학습
목적	기억과 이해의 강화	목표 달성을 위한 행동 최적화
학습 방식	학습과 휴식을 반복하여 뇌의 정보 처리 과정 지원	시행착오를 반복하며 점진적으로 학습
적용 사례	시험 준비, 언어 학습	게임 플레이, 자율주행, 로봇 제어
장점	정보의 장기 기억화, 학습 피로 감소	복잡한 환경에서의 적응, 최적의 행동 도출
차이점	계획적이고 체계적인 학습	환경에서 즉각적 Feedback 기반의 동적인 학습

이 두 기법의 공통점은 학습 과정에서 Feedback을 활용한다는 것입니다. 분산 학습에서는 학습자 스스로 자신의 학습 결과를 평가하고, 다음 학습 세션에 적용합니다. 강화 학습에서는 AI가 Feedback을 바탕으로 행동을 조정하여 최적의 결과를 추구합니다. 이는 학습의 지속적 개선을 목표로 한다는 점에서 유사합니다.

그러나 두 방법의 차이점도 뚜렷합니다. 분산 학습은 학습자에게 체계적이고 계획적인 학습을 제공합니다. 학습자는 일정한 간격을 두고 학습 내용을 반복하며, 이를 통해 기억을 강화합니다. 반면, 강화 학습은 예측할 수 없는 환경에서의 최적의 행동을 찾아내는 데 중점을 둡니다. AI는 시행착오 과정을 통해 점진적으로 더 나은 전략을 학습합니다.

또한, 인간 학습자는 Feedback 외에도 감정적 동기와 사회적 상호작용에 영향을 받습니다. 학습의 즐거움, 성취감, 또는 동료와의 협력이 학습 과정에 긍정적인 영향을 미칠 수 있습니다. 반면, AI의 강화 학습은 이런 감정적 요소 없이 순수한 보상 구조를 기반으로 작동합니다.

분산 학습	강화 학습
첫 학습 세션 → 휴식 → 두 번째 학습 세션 → 반복 → 장기 기억 강화.	초기 행동 시도 → 보상/벌점 Feedback → 행동 전략 수정 → 반복 → 최적 행동 도출

결론적으로, 분산 학습과 강화 학습은 각각 인간과 AI가 지속적으로 학습을 개선하는 데 사용하는 방법으로, 서로 다른 학습 환경에서 효과적으로 작동합니다.

4.3 집중 학습 vs. 대규모 데이터 학습 – 짧고 집중적으로 배우는 인간, 방대한 데이터를 학습하는 AI

집중 학습(Massed Learning)은 짧은 시간 안에 많은 양의 정보를 집중적으로 학습하는 방법입니다. 이 방식은 시험 직전에 벼락치기로 공부하는 것과 유사합니다. 한 번에 많은 양의 정보를 빠르게 습득할 수 있지만, 그 기억은 비교적 빨리 사라질 수 있습니다. 예를 들어, 학생들이 시험 전날 밤새워 공부하면 다음 날 시험에는 도움이 되지만, 시간이 지나면 배운 내용을 잊어버리기 쉽습니다.

AI의 대규모 데이터 학습(Massive Data Training)은 방대한 데이터를 한꺼번에 학습하여 모델을 훈련시키는 과정입니다. AI는 대량의 데이터를 반복적으로 학습하여, 데이터 내의 패턴을 인식하고 예측 모델을 생성합니다. 예를 들어, 이미지 인식 AI는 수백만 개의 이미지 데이터를 학습하여 새로운 이미지를 분석할 수 있는 능력을 갖추게 됩니다.

항목	집중 학습	대규모 데이터 학습
정의	짧은 시간 안에 많은 양의 정보를 학습	방대한 데이터를 사용하여 모델을 학습
목적	단기 목표(시험 준비, 프로젝트) 달성	복잡한 작업 수행을 위한 패턴 학습
학습 방식	단기 기억에 의존하여 많은 정보를 빠르게 습득	반복 학습을 통해 데이터 내 패턴과 규칙 인식
적용 사례	시험 전날 벼락치기, 발표 준비	이미지 인식, 자연어 처리, 추천 시스템

장점	짧은 시간에 높은 집중력 발휘	대량 데이터를 통해 높은 정확도와 성능 확보
단점	기억 유지가 어렵고 장기적 효과 제한	데이터 품질에 의존하며, 많은 연산 자원 필요

이 두 기법의 공통점은 짧은 시간에 많은 양의 정보를 처리하려 한다는 점입니다. 인간은 집중 학습을 통해 시험이나 프로젝트와 같은 단기 목표를 달성하고, AI는 대규모 데이터 학습을 통해 복잡한 작업을 수행할 수 있는 모델을 생성합니다. 이는 효율성의 측면에서 강력한 학습 전략이 될 수 있습니다.

하지만 차이점도 분명합니다. 집중 학습은 인간의 단기 기억에 의존하며, 장기적으로 정보를 유지하는 데는 한계가 있습니다. 반면, AI의 대규모 데이터 학습은 모델이 지속적으로 업데이트되며, 학습된 내용을 기반으로 새로운 상황에서도 안정적인 성능을 제공합니다. 또한, AI는 데이터의 양이 많을수록 학습의 정확도가 높아지는 경향이 있지만, 인간은 오히려 과도한 정보량에 부담을 느낄 수 있습니다.

인간의 집중 학습은 동기와 감정에 큰 영향을 받습니다. 학생들이 시험을 준비할 때 긴장감과 목표 달성의 의지가 학습의 효율성을 높일 수 있습니다. 반면, AI는 이런 감정적 요소 없이 단순히 데이터를 기반으로 작동하며, 주어진 목표를 달성하기 위해 기계적으로 학습합니다.

결론적으로, 집중 학습과 대규모 데이터 학습은 각각 인간과 AI가 많은 양의 정보를 빠르게 학습하는 데 사용하는 전략으로, 그 효과와 한계는 학습의 목적과 환경에 따라 다릅니다.

4.4 자기설명 전략 vs. CoT – 생각을 말로 풀어내는 인간과 AI의 논리적 연쇄

자기설명(Self-Explanation)은 학습자가 자신이 배운 내용을 스스로에게 설명하면서 이해를 깊게 만드는 방법입니다. 이 과정에서 학습자는 단순히 정보를 암기하는 것이 아니라, 그 의미를 재구성하여 자신의 언어로 표현합니다. 예를 들어, 수학 문제를 푸는 과정에서 "이 단계에서는 공식을 이렇게 적용해야 해"라고 스스로 설명하는 것은 자기설명의 전형적인 예입니다.

AI의 CoT는 문제 해결 과정을 단계적으로 논리적 흐름으로 설명하는 방식입니다. CoT는 복잡한 문제를 해결하기 위해 AI가 단순한 계산이나 예측을 넘어, 각 단계에서의 추론 과정을 명확히 하도록 설계되었습니다. 예를 들어, 수학 문제를 푸는 AI가 CoT를 활용하면, 문제의 각 단계를 설명하며 결과에 도달합니다.

항목	자기설명 전략	CoT
정의	학습자가 자신이 배운 내용을 자신의 언어로 설명하여 이해를 심화	AI가 문제를 단계적으로 풀며 추론 과정을 명확히 설명
목적	이해도 점검과 학습 동기 강화	복잡한 문제 해결과 결과 도출의 투명성 제공
학습 방식	스스로 설명하며 새로운 정보와 기존 지식을 연결	단계별 추론을 통해 논리적 풀이 제공
적용 사례	수학 문제 풀이, 역사적 사건 분석, 과학 개념 설명	수학 문제, 데이터 분석, 복잡한 의사결정
장점	이해도 향상, 성취감 제공, 동기 부여	논리적 명확성, 복잡한 문제 해결 능력
단점	주관적 오류 가능, 논리적 구조의 명확성 부족	데이터 의존적, 인간 직관 부족

이 두 기법은 논리적 사고를 강화하고, 문제 해결 과정을 구조화한다는 점에서 유사합니다. 인간은 자기설명을 통해 자신의 이해도를 점검하고 개선하며, AI는 CoT를 통해 복잡한 문제에 대한 명확한 풀이를 제공합니다. 이는 학습 과정에서의 명료성과 정확성을 높이는 중요한 요소입니다.

그러나 인간의 자기설명은 학습자의 감정과 동기에도 영향을 미칩니다. 자기설명을 통해 스스로 이해했다는 성취감을 느끼면, 학습에 대한 자신감이 높아지고 동기부여가 강화됩니다. 반면, AI의 CoT는 감정적 요소가 배제된 순수한 논리적 과정

AI 사고 철학

을 다루며, 효율성과 정확성에 초점이 맞춰져 있습니다.

또한, 자기설명은 학습자의 기존 지식과 새로운 정보를 연결하는 데 효과적입니다. 학습자는 새로운 개념을 배우면서 이를 자신의 언어로 설명하며, 기존 지식과의 연관성을 찾아갑니다. CoT도 유사하게 AI가 새로운 데이터와 기존 학습 내용을 연결하는 데 도움을 줍니다. 하지만 AI는 이를 논리적 패턴으로 처리할 뿐, 인간처럼 직관적으로 이해하는 것은 아닙니다.

결론적으로, 자기설명과 CoT는 각각 인간과 AI가 논리적 사고를 강화하는 중요한 도구입니다. 두 기법은 문제 해결 과정에서의 명확성을 높이고, 학습의 질을 향상시키는 데 기여합니다.

4.5 검사 효과 vs. RLHF – 시험을 통해 배우는 인간, Feedback으로 향상되는 AI

검사 효과(Testing Effect)는 시험이나 테스트가 단순히 평가 도구를 넘어 학습을 강화하는 중요한 역할을 한다는 이론입니다. 학습자는 테스트를 통해 자신의 기억을 회상하고, 회상 과정에서 기억이 강화됩니다. 예를 들어, 학생이 시험을 반복적으로 보면서 학습한 내용을 다시 떠올리면, 그 내용이 더 오래 기억됩니다.

AI의 휴먼 Feedback을 통한 강화 학습(Reinforcement

Learning from Human Feedback, RLHF)은 인간이 제공하는 Feedback 을 활용하여 AI의 성능을 향상시키는 방법입니다. AI는 특정 작업을 수행한 후, 인간이 제공하는 Feedback을 통해 올바른 행동과 잘못된 행동을 학습합니다. 이는 AI가 더 정확하고 유용한 결과를 생성하도록 돕습니다.

항목	검사 효과 (Testing Effect)	RLHF (Reinforcement Learning from Human Feedback)
정의	학습자가 시험을 통해 기억을 회상하고 강화하는 학습 기법	AI가 인간 Feedback을 통해 성능을 개선하는 학습 방법
목적	기억 강화를 통해 학습 내용을 장기 기억에 저장	특정 작업에서의 성능 최적화
학습 방식	시험을 통해 부족한 부분 확인 및 보완	Feedback을 바탕으로 알고리즘 조정
적용 사례	학생의 시험 준비, 자격증 시험	AI 챗봇 개선, 이미지 분류 모델 학습
장점	정보의 장기 기억화, 자기평가 능력 향상	인간 Feedback을 통해 높은 정확도와 신뢰성 확보
단점	성취감이나 좌절감에 의해 학습 지속성이 달라질 수 있음	Feedback 데이터 품질에 따라 학습 결과가 달라질 수 있음

검사 효과와 RLHF의 공통점은 학습자가 Feedback을 통해 자신의 학습을 개선한다는 것입니다. 인간은 시험을 통해 자신의 지식을 평가하고 부족한 부분을 보완하며, AI는 인간의 Feedback을 활용해 성능을 개선합니다. 두 기법 모두 반복

AI 사고 철학

적인 Feedback과 학습 과정을 통해 점진적으로 더 나은 결과를 추구합니다.

하지만 인간과 AI의 Feedback 처리 방식에는 차이가 있습니다. 인간은 시험 결과를 감정적으로 받아들이며, 성취감이나 좌절감을 경험할 수 있습니다. 이는 학습 동기와 연결되어 학습의 지속성에 영향을 미칩니다. 반면, AI는 Feedback을 단순한 데이터로 처리하며, 이를 통해 학습 알고리즘을 조정합니다. AI에게 감정적 반응은 전혀 개입되지 않습니다.

또한, 검사 효과는 학습자가 정보를 장기 기억에 저장하도록 돕는 데 초점을 맞추는 반면, RLHF는 AI가 특정 작업에서 더 높은 성능을 발휘하도록 최적화하는 데 중점을 둡니다. AI의 목표는 항상 주어진 작업에서 최고의 결과를 내는 것이며, 이는 인간 학습의 전반적 성장 목표와는 다릅니다.

결론적으로, 검사 효과와 RLHF는 각각 인간과 AI가 Feedback을 통해 학습을 강화하는 방법을 보여줍니다. 두 기법은 지속적인 개선을 목표로 하며, 학습의 질을 높이는 데 중요한 역할을 합니다.

4.6 간격 효과 vs. 전이 학습 – 학습 간격의 힘과 새로운 문제 해결

간격 효과(Spacing Effect)는 학습과 복습 사이의 간격이 클수록 기억이 더 오래 지속된다는 이론입니다. 예를 들어, 매일 같은 내용을 반복해서 공부하는 것보다 며칠씩 간격을 두고 학습하면 장기 기억에 더 효과적입니다. 이는 인간의 뇌가 학습한 내용을 처리하고 저장하는 데 일정한 시간이 필요하기 때문입니다.

AI의 전이 학습(Transfer Learning)은 이전에 학습한 지식을 새로운 문제에 적용하여 효율적으로 학습하는 방식입니다. AI는 과거에 훈련된 모델을 사용하여 새로운 데이터를 학습하고, 이를 통해 성능을 개선합니다. 전이 학습은 데이터가 부족한 상황에서도 효과적으로 작동하며, 새로운 작업에 빠르게 적응할 수 있게 합니다.

항목	간격 효과 (Spacing Effect)	전이 학습 (Transfer Learning)
정의	학습과 복습 사이의 간격을 두어 기억을 강화하는 학습 기법	이전 학습 모델을 활용하여 새로운 문제를 해결하는 학습 방식
목적	장기 기억 강화와 학습 유지력 증대	기존 지식을 활용한 새로운 문제 해결과 적응
학습 방식	간격을 두고 반복 복습	기존 모델의 가중치를 새로운 데이터에 적용
적용 사례	시험 준비, 언어 학습	이미지 분류, 자연어 처리, 의료 데이터 분석

장점	기억 지속성 향상, 학습 피로 감소	데이터 부족 상황에서도 효율적 학습 가능
단점	즉각적인 결과를 얻기 어려움	기존 모델의 한계가 새로운 작업에 영향을 미칠 수 있음

간격 효과와 전이 학습의 공통점은 모두 학습의 효율성을 높인다는 것입니다. 인간은 학습 간격을 조정하여 기억을 강화하고, AI는 기존 학습 내용을 활용하여 새로운 문제를 빠르게 해결합니다. 두 기법 모두 학습의 질을 개선하고, 더 나은 결과를 이끌어냅니다.

하지만 두 방법의 차이점도 있습니다. 간격 효과는 주로 기억의 지속성과 학습의 유지력을 높이는 데 중점을 둡니다. 반면, 전이 학습은 기존 모델을 사용하여 새로운 환경에서 적응력을 향상시키는 데 초점을 맞춥니다. AI는 새로운 데이터에 빠르게 적응하기 위해 이전 학습 내용을 재활용하며, 이는 인간의 학습과 다소 다른 접근 방식입니다.

인간 학습에서 간격 효과는 또한 감정적 요소와 관련이 있습니다. 학생들은 학습 간의 휴식 시간 동안 정보에 대한 새로운 관점을 얻거나, 복습할 때 이전에 이해하지 못했던 부분을 깨닫는 경우가 많습니다. AI는 이러한 감정적 또는 직관적 요소 없이 단순히 데이터 패턴에 따라 학습을 진행합니다.

결론적으로, 간격 효과와 전이 학습은 각각 인간과 AI가 학습 효율성을 극대화하기 위해 사용하는 방법으로, 두 방법 모두 학습의 질을 높이는 중요한 역할을 합니다.

5. 학습의 미래: 인간과 AI가 함께 배우는 세상

5.1 AI가 교육을 돕는 방식

AI는 교육의 여러 측면에서 혁신을 이끌고 있습니다. 가장 대표적인 예는 맞춤형 학습 환경을 제공하는 것입니다. AI 기반 학습 플랫폼은 학생의 학습 속도와 수준에 따라 개인화된 학습 계획을 제공합니다. 예를 들어, 수학을 배우는 학생이 특정 개념에서 어려움을 겪고 있다면, AI는 그 개념을 보강할 수 있는 문제를 추가로 제공하거나 설명을 더 쉽게 바꿔 학습을 지원합니다.

또한, AI는 Feedback 제공과 학습 진단에도 뛰어납니다. 학생들이 푼 문제의 패턴을 분석하여 공통으로 어려워하는 부분을 파악하고, 그에 맞는 Feedback을 제공합니다. 이러한 즉각적인 Feedback은 학생들이 실수를 바로잡고 학습의 방향을 조정하는 데 도움을 줍니다. 교사도 이 데이터를 통해 학생들의 학습 진도를 더 효과적으로 관리할 수 있습니다.

AI는 단순한 학습 지원을 넘어, 새로운 학습 경험을 창출할 수 있습니다. 예를 들어, 가상 현실(VR)과 증강 현실(AR) 기술과 결합된 AI는 역사 속 사건이나 과학 실험을 시뮬레이션하여 학생들이 몰입형 학습을 경험할 수 있도록 합니다. 이는 학습 내용을 더 깊이 이해하고 기억하는 데 도움을 줍니다.

하지만 AI가 제공하는 맞춤형 학습은 교사의 역할을 대체하기보다는 보완하는 데 목적이 있습니다. 교사는 학생의 정서적, 사회적 발달을 지원하고, 복잡한 문제 해결과 비판적 사고를 이끄는 데 여전히 핵심적인 역할을 합니다. AI는 데이터를 기반으로 최적의 학습 환경을 제공하지만, 교사의 경험과 인간적 통찰은 AI가 채울 수 없는 부분을 보완합니다.

5.2 인간적인 학습의 중요성과 AI의 한계

AI가 교육에 많은 이점을 제공하지만, 인간적인 학습의 중요성은 여전히 변함없습니다. 학습은 단순히 정보를 받아들이는 것이 아니라, 인간의 감정, 동기, 사회적 상호작용이 깊이 관여하는 복잡한 과정입니다. 학생들은 학습 과정에서 교사나 친구와의 상호작용을 통해 공감, 협력, 비판적 사고 등 중요한 사회적 기술을 익힙니다.

AI의 한계는 이 인간적 요소를 충분히 대체하지 못한다는 점에서 드러납니다. AI는 데이터를 분석하고 패턴을 인식하는 데 뛰어나지만, 학생의 감정적 상태를 이해하거나, 학습 동기를 고취하는 데는 한계가 있습니다. 예를 들어, AI는 학생이 문제를 계속 틀리는 이유를 분석할 수 있지만, 학생이 실망감을 느끼고 있는지, 혹은 동기가 떨어진 상태인지 파악하고 격려하는 것은 어려울 수 있습니다.

또한, 창의적이고 비판적인 사고를 기르는 데 있어 인간 교사의 역할은 필수적입니다. AI는 기존 데이터에 기반하여 정답을 도출하는 데 강하지만, 완전히 새로운 아이디어를 창출하거나 예상치 못한 문제 상황에 창의적으로 대응하는 능력은 부족합니다. 이러한 창의적 사고는 인간 교사와의 상호작용, 열린 토론, 그리고 다양한 시각을 접하는 과정을 통해 발달합니다.

결국, AI는 교육에서 보조적 역할을 맡아 인간 교사의 업무를 경감하고 학습의 효율성을 높일 수 있지만, 인간적인 학습의 본질은 여전히 중요합니다. 학생들이 스스로 동기를 부여하고, 사회적 기술을 익히며, 창의적이고 비판적으로 사고할 수 있도록 돕는 데에는 교사의 지도와 정서적 지원이 필수적입니다. AI와 인간 교사가 함께 협력할 때, 학습의 미래는 더욱 밝아질 것입니다.

결론

아이들이 LLM을 넘어
배우게 하라

오늘날의 교육 환경에서 LLM(Large Language Model)은 매우 중요한 기술적 도구로 자리 잡았습니다. LLM은 방대한 데이터를 기반으로 한 패턴 인식을 통해 복잡한 문제를 해결하고, 사용자의 요구에 맞춘 응답을 제공합니다. 그러나 인간의 학습은 단순한 데이터 처리 이상입니다. 인간은 감정, 경험, 그리고 사회적 상호작용을 통해 배웁니다. 부모는 이러한 차이점을 이해하고, 아이들에게 단순한 지식 전달 이상의 것을 가르쳐야 합니다. 즉, 아이들이 정보를 활용하고 응용하는 법을 배우며, 타인과의 관계 속에서 성장할 수 있도록 도와야 합니다.

AI 사고 철학

1. LLM과 인간의 학습 차이

LLM의 학습은 주로 데이터에 기반하여 이루어집니다. 수백만 개의 데이터를 분석하고, 패턴을 찾아내어 그에 맞는 답을 도출하는 방식입니다. 이 과정에서 LLM은 정확한 정보를 제공하는 데 능숙하지만, 감정이나 사회적 맥락을 이해하는 데는 한계가 있습니다. 반면, 인간은 데이터를 학습하는 것 외에도 경험과 감정을 통해 성장하며, 다른 사람들과의 상호작용 속에서 자신만의 독창적인 사고를 발전시킵니다.

아이들의 학습은 반복적인 학습과 Feedback을 통해 이루어지지만, 그 과정에서 중요한 것은 정서적 지지와 사회적 상호작용입니다. 부모는 아이들에게 올바른 지식을 제공하는 것과 동시에, 그 지식을 어떻게 응용하고, 다른 사람들과의 관계 속에서 어떻게 사용할 수 있는지를 가르쳐야 합니다. LLM처럼 단순히 데이터를 처리하는 것이 아니라, 인간다움을 발휘하는 법을 배워야 합니다.

2. 실수와 Feedback: LLM처럼, 그러나 더 나아가

LLM은 학습 과정에서 발생하는 오류를 Feedback을 통해 수정하고, 더 나은 결과를 도출할 수 있도록 발전합니다. 이와 비슷하게, 아이들도 실수를 통해 배우고, Feedback을 통해 성장을 이룹니다. 하지만 인간의 학습은 단순히 오류를 수정하는 것에 그치지 않고, 실수를 통해 성장하는 과정을 중요하게 여깁니다.

부모는 아이들에게 실수를 두려워하지 않고, 그것을 학습의 기회로 삼을 수 있는 자세를 가르쳐야 합니다. LLM은 실수를 학습의 일부로 처리하지만, 인간은 실수를 통해 감정을 경험하고, 그 감정을 다스리며 더 나은 결정을 내릴 수 있는 능력을 키웁니다. 이 과정에서 부모의 지속적인 관심과 지지는 아이들에게 강한 자존감과 회복력을 심어주며, 어려움을 극복하는 힘을 길러줍니다.

3. 창의성과 문제 해결: LLM을 넘어서는 인간의 가능성

LLM은 방대한 데이터를 바탕으로 문제를 해결하지만, 그 해결 방식은 이미 학습한 데이터에 의존합니다. 반면, 아이들은 창의성을 통해 기존의 지식을 응용하고, 새로운 방식으로 문제를 해결하는 능력을 갖추고 있습니다. 부모는 아이들이 창의적인 사고를 기르고, 더 큰 문제를 해결할 수 있는 능력을 발휘할 수 있도록 도와야 합니다.

아이들이 상상력과 창의성을 발휘할 기회를 제공하는 것

AI 사고 철학

이 중요합니다. 예를 들어, 아이가 단순히 주어진 문제를 해결하는 것에 그치지 않고, 그 문제에 대해 다른 관점에서 생각해 보도록 유도하는 질문을 던지는 것은 매우 효과적입니다. LLM이 단순히 데이터를 조합하는 데 그치는 반면, 인간은 감정과 경험을 통해 혁신적인 해결책을 찾아낼 수 있습니다.

4. 부모의 역할: 지속적인 지도와 성장의 기회 제공

부모는 아이들이 데이터를 학습하는 것을 넘어서, 사회적이고 정서적인 성장을 경험할 수 있도록 지도해야 합니다. 아이들이 다양한 경험을 통해 실질적인 삶의 교훈을 배우고, 타인과의 관계 속에서 어떻게 지식을 사용할 수 있을지 가르치는 것이 중요합니다.

부모의 역할은 단순히 학습을 지켜보는 것이 아닙니다. 부모는 아이에게 성공적인 삶을 살아가는 데 필요한 도구를 제공하는 지도자이자, 아이가 스스로 문제를 해결하고 성장할 기회를 마련해 주는 지원자입니다. 이를 통해 아이는 LLM이 제공하는 패턴 인식을 넘어, 감정적 유연성과 사회적 통찰력을 키우며, 성숙한 인간으로 성장할 수 있습니다.

5. LLM을 넘어 인간답게 배우게 하라.

LLM은 엄청난 데이터를 처리하고, 빠르고 정확한 답변을 제공합니다. 하지만 인간은 단순한 정보 처리 이상의 학습을 필요로 합니다. 감정, 경험, 사회적 상호작용을 통해 아이들은 단순한 패턴 인식이 아닌, 더 깊은 의미와 교훈을 배우며 성장해 나갑니다. 부모는 이러한 복합적인 학습 과정을 이해하고, 아이들에게 지식의 응용과 정서적 성장을 동시에 지도해야 합니다.

아이들이 LLM처럼 데이터를 효율적으로 처리하는 법을 배우는 것만큼이나, 인간답게 생각하고 느끼는 능력을 키우는 것이 중요합니다. 부모의 지속적인 관심과 지도를 통해 아이들은 정보 과부하 속에서도 핵심을 파악하고, 문제 해결 능력을 키우며, 사회적 관계에서 성공적인 삶을 살아가는 방법을 배울 수 있습니다. 결국, 아이들은 단순한 데이터를 넘어서 사람으로서 성장하는 법을 배우며, 그 안에서 자기 주도적이고 창의적인 존재로 발전하게 될 것입니다.

우리는 놀라운 기술 발전 속에서 살아가고 있습니다. LLM은 방대한 데이터를 처리하고, 패턴을 인식하며, 복잡한 문제를 빠르고 정확하게 해결하는 능력을 보여주고 있습니다. 하지만 기술이 아무리 발전해도, 인간의 학습은 단순히 정보를 처리하는 것 그 이상입니다. 아이들은 데이터를 학습하는 것뿐만 아니라, 감정과 경험, 그리고 사회적 상호작용을 통해 성장합니다. 부모로서, 우리는 아이들이 LLM의 효율적인 학습 능력을 배우는 것을 넘어, 사람답게 배우고 성장할 수 있도록 도와야 합니다.

마치며 : 지속 가능한 미래

더 나은 세상을 향한 아이들의 배움

우리가 아이들에게 지식 그 이상의 것을 가르치는 이유는, 그들이 더 나은 세상을 만드는 주역이 될 것이기 때문입니다. 아이들이 단순히 정보를 습득하는 능력을 키우는 것을 넘어서, 창의적이고 비판적인 사고를 통해 새로운 문제를 해결하고, 타인과 공감하며 협력하는 능력을 배우는 것이 중요합니다. 그들이 감정을 느끼고, 다른 사람과 진정한 관계를 형성할 수 있을 때, 우리는 더 나은 미래를 기대할 수 있습니다.

아이들이 학습의 과정에서 실수를 두려워하지 않고, 그것을 성장의 기회로 삼을 수 있는 자세를 가질 때, 그들은 자신만의 길을 개척할 수 있습니다. 부모는 이 과정에서 단순한 지식의 전달자가 아니라, 아이들이 자기 자신을 발견하고 사회와 연결될 수 있도록 지지하는 가이드입니다. 이러한 교육을 통해 우리는 아이들이 단순히 지식을 축적하는 것을 넘어, 지혜로운 선택을 할 수 있는 능력을 갖추게 해야 합니다.

교육의 비전

아이들이 감정과 경험, 그리고 관계를 통해 배우고 성장할 수 있도록 돕는 우리의 역할은 더 나은 세상을 향한 첫걸음입니다. 우리가 아이들에게 가르치는 것은 단순한 정보나 사실이 아니라, 그들이 타인을 이해하고 공감하는 법, 그리고 다른 사람들과 협력하여 문제를 해결하는 법입니다. 이러한 교육은 아이들이 앞으로 책임감 있는 세계 시민으로 성장하는 데 중요한 역할을 합니다.

아이들이 다양한 관점을 이해하고, 사회적·정서적 성장을 통해 스스로 세상을 바꿀 수 있는 힘을 가질 때, 우리는 더 정의롭고 평화로운 미래를 기대할 수 있습니다. LLM처럼 빠르고 정확한 데이터 처리 능력을 갖추는 것도 중요하지만, 무엇보다도 그 데이터를 어떻게 응용하고, 사람들과 어떻게 연결할지를 배우는 것이 그들의 진정한 성장입니다.

지속 가능한 미래를 위한 우리의 역할

부모로서, 우리는 아이들이 단순한 패턴 인식을 넘어서 세상을 더 나은 곳으로 만들 수 있는 능력을 갖출 수 있도록 이

AI 사고 철학

끌어야 합니다. 그들이 실수에서 배우고, 문제를 창의적으로 해결하며, 타인과 협력하는 방법을 배울 때, 우리는 더 나은 세상을 만들 수 있는 토대를 마련하는 것입니다. 그들이 데이터를 넘어 사람의 마음을 이해하고, 그 안에서 인간으로서 성장할 수 있는 능력을 기를 때, 우리는 더 나은 미래를 향해 나아가고 있는 것입니다.

아이들이 배우는 과정은 그들의 미래뿐만 아니라 우리의 미래를 바꾸는 힘이 됩니다. 감정과 경험, 그리고 사회적 상호작용을 통해 그들이 배운 것들은 더 나은 세상을 만드는 데 중요한 자양분이 됩니다. 부모로서, 우리는 그들이 지혜롭고 강인한 마음으로 세상을 마주할 수 있도록 돕고, 그 과정에서 끊임없이 성장하는 사람으로 자리 잡을 수 있게 해야 합니다.

결국, 우리가 아이들에게 주는 것은 미래를 위한 씨앗입니다. 그 씨앗이 자라나, 세상에 아름다운 변화를 일으키는 나무로 성장할 때, 우리는 더 밝고 희망찬 내일을 볼 수 있을 것입니다. 아이들이 LLM을 넘어, 사람답게 배우고 성장하는 과정을 함께 하며, 우리는 그들의 성장을 통해 더 나은 세상을 만들 수 있습니다.

부록

- AI 관련 용어집

- 아이들과 함께하는 10가지
  창의적 Activity 상세 가이드

1. 대규모 언어 모델 (LLM, Large Language Model)

- **뜻:** 방대한 텍스트 데이터를 학습하여 인간처럼 언어를 이해하고 새로운 문장을 만들어내는 인공지능 기술.
- **예시:** 아이가 백과사전을 읽으며 다양한 지식을 쌓고, 이를 바탕으로 자기만의 이야기를 만들어내는 것과 비슷합니다. LLM도 여러 텍스트를 학습하여 질문에 답하거나 글을 작성합니다.

2. 입력 (Input)

- **뜻:** AI가 처리하기 위해 받아들이는 데이터나 정보.
- **예시:** 아이가 부모님에게 "이 과일이 뭐예요?"라고 물어보는 과정이 입력입니다. AI도 질문을 받거나 데이터를 입력받아 처리합니다.

3. 출력 (Output)

- **뜻:** AI가 입력을 바탕으로 도출한 결과.
- **예시:** 부모님의 설명을 들은 아이가 "이건 사과구나!"라고 말하는 것이 출력입니다. AI는 질문에 대한 답변을 출력으로 제공합니다.

4. 파인튜닝 (Fine-Tuning)

- **뜻:** 이미 학습한 AI 모델을 특정 작업이나 데이터에 맞춰 추가 학습시키는 과정.
- **예시:** 아이가 피아노 기본기를 배운 후, 연습곡 하나를 집중적으로 연습하여 더 완벽히 연주할 수 있게 되는 것과 같습니다.

5. 패턴 인식 (Pattern Recognition)

- **뜻:** AI가 데이터를 분석하여 반복되는 규칙이나 특징을 발견하는 기술.

AI 사고 철학

- **예시**: 아이가 "고양이는 네 발과 꼬리가 있어"라는 패턴을 여러 번 보며, 나중에는 다른 고양이도 쉽게 알아보는 것과 비슷합니다.

6. 강화 학습 (Reinforcement Learning)

- **뜻**: AI가 보상을 받으며 올바른 행동을 학습하는 방식.
- **예시**: 아이가 숙제를 잘했을 때 칭찬을 받고, 이를 통해 더 열심히 공부하려는 동기를 얻는 것과 같습니다.

7. 데이터 전처리 (Data Preprocessing)

- **뜻**: AI가 학습하기 전에 데이터를 정리하고 불필요한 요소를 제거하는 과정.
- **예시**: 부모가 아이에게 문제를 가르치기 전에 쉬운 예시를 사용해 기본 개념을 설명하는 것처럼, 데이터를 정리하여 AI가 이해하기 쉽게 만드는 과정입니다.

8. 정보 과부하 (Information Overload)

- **뜻**: 너무 많은 정보가 한꺼번에 제공되어 이해하기 어려운 상태.
- **예시**: 아이에게 하루에 100개의 단어를 외우게 하면 혼란스러워할 수 있습니다. 적절한 양의 정보를 제공해야 학습이 효과적입니다.

9. Feedback 루프 (Feedback Loop)

- **뜻**: AI가 결과에 대한 Feedback을 받아 학습을 반복적으로 개선하는 과정.
- **예시**: 아이가 그림을 그릴 때, 부모가 Feedback을 주어 점점 더 나은 그림을 그리게 되는 과정과 유사합니다.

10. 체인 오브 쏘트 (Chain of Thought)

- **뜻**: 문제를 여러 단계로 나누어 단계별로 해결하는 사고 방식.
- **예시**: 아이가 수학 문제를 풀 때 "1단계: 식 세우기 → 2단계: 계산하기 → 3단계: 답 확인하기"처럼 한 단계씩 생각하며 문제를 푸는 과정입니다.

11. 개인화 학습 (Personalized Learning)

- **뜻**: 각 학생의 학습 속도와 스타일에 맞춰 개별적으로 조정된 학습 방법.
- **예시**: 어떤 아이는 그림을 보고, 다른 아이는 이야기를 들으며 더 잘 이해할 수 있습니다. 각 아이에게 맞는 방법을 사용하는 것이 개인화 학습입니다.

12. 머신 러닝 (Machine Learning)

- **뜻**: AI가 데이터를 통해 스스로 학습하고 성능을 향상시키는 기술.
- **예시**: 아이가 새로운 퍼즐을 반복적으로 풀며 점점 더 빠르고 정확하게 맞추는 것과 같습니다.

13. 지도 학습 (Supervised Learning)

- **뜻**: 정답이 포함된 데이터를 사용해 AI가 학습하는 방식.
- **예시**: 선생님이 문제의 풀이를 알려주고, 아이가 같은 유형의 문제를 풀어보는 과정입니다.

14. 비지도 학습 (Unsupervised Learning)

- **뜻**: 정답이 없는 데이터를 분석하여 AI가 스스로 데이터를 그룹화하거나 구조를 파악하는 방식.

AI 사고 철학

- 예시: 아이가 처음 보는 장난감들을 크기나 색깔별로 스스로 분류하는 과정과 비슷합니다.

15. 반지도 학습 (Semi-Supervised Learning)

- **뜻:** 일부 데이터에 정답이 포함되어 있고, 나머지는 스스로 학습하여 추론하는 방식.
- **예시:** 부모가 일부 수학 문제의 답을 보여주고, 나머지 문제는 아이가 스스로 풀도록 하는 방식입니다.

16. 데이터 증강 (Data Augmentation)

- **뜻:** 기존 데이터를 변형하여 AI가 다양한 상황을 학습할 수 있도록 만드는 기법.
- **예시:** 아이에게 같은 단어를 다양한 문장 속에서 사용해 보도록 하여 더 깊은 이해를 돕는 것과 같습니다.

17. 활성 학습 (Active Learning)

- **뜻:** AI가 학습할 때 가장 유용한 데이터를 스스로 선택하여 학습하는 방식.
- **예시:** 아이가 스스로 궁금한 문제를 선택하고 질문하여 학습하는 방식입니다.

18. 전이 학습 (Transfer Learning)

- **뜻:** 한 분야에서 학습한 지식을 다른 분야에 적용하는 방식.
- **예시:** 아이가 덧셈을 배운 후 이를 활용해 곱셈을 이해하는 것과 비슷합니다.

19. 학습률 (Learning Rate)

- **뜻:** AI가 학습 속도를 조정하는 값으로, 빠르게 또는 천천히 학습할지 결정.
- **예시:** 아이가 새로운 내용을 배울 때, 적절한 속도로 반복 학습하여 이해할 수 있도록 돕는 과정입니다.

20. 손실 함수 (Loss Function)

- **뜻:** AI가 학습한 결과가 얼마나 정확한지 측정하는 기준.
- **예시:** 아이가 시험에서 80점을 받고, 나머지 20점의 부족한 부분을 채우기 위해 더 공부하는 과정과 유사합니다.

21. 오버피팅 (Overfitting)

- **뜻:** AI가 학습 데이터에 너무 치중해 새로운 데이터에서는 성능이 떨어지는 현상.
- **예시:** 아이가 특정 문제집의 문제만 외워 시험에서 그 유형만 잘 풀고, 새로운 유형에서는 틀리는 경우입니다.

22. 언더피팅 (Underfitting)

- **뜻:** AI가 데이터를 충분히 학습하지 않아 성능이 낮은 상태.
- **예시:** 아이가 수학 개념을 제대로 이해하지 못해 간단한 문제도 풀지 못하는 상황과 같습니다.

23. 드롭아웃 (Dropout)

- **뜻:** 과적합을 방지하기 위해 학습 중 일부 뉴런의 작동을 임시로 중지시키는 기술.
- **예시:** 아이가 다양한 문제를 접하기 위해 매번 다른 유형의 문제를

연습하는 것과 비슷합니다.

24. 하이퍼파라미터 (Hyperparameter)

- **뜻:** AI 학습 성능을 조정하기 위해 설정하는 값.
- **예시:** 아이가 공부할 때 하루에 몇 시간씩 공부할지 정하는 것과 유사합니다.

25. 옵티마이저 (Optimizer)

- **뜻:** AI가 빠르고 효율적으로 학습할 수 있도록 도움을 주는 알고리즘.
- **예시:** 부모가 아이에게 더 효과적인 공부 방법을 알려주는 것과 같습니다.

26. 데이터셋 (Dataset)

- **뜻:** AI가 학습할 때 사용하는 데이터의 모음.
- **예시:** 아이가 공부할 때 사용하는 교과서와 연습 문제집이 데이터셋에 해당합니다.

27. 분류 (Classification)

- **뜻:** AI가 데이터를 여러 카테고리로 분류하는 작업.
- **예시:** 아이가 빨간 과일과 초록색 과일을 분류하는 것과 유사합니다.

28. 회귀 (Regression)

- **뜻:** AI가 연속적인 값을 예측하는 작업.
- **예시:** 아이가 과학 실험에서 특정 온도에서 물이 끓는 시간을 예측하는 것과 같습니다.

29. 클러스터링 (Clustering)

- **뜻:** AI가 비슷한 데이터끼리 그룹을 형성하는 작업.
- **예시:** 아이가 색깔이나 모양이 비슷한 블록을 한 그룹으로 모으는 과정과 비슷합니다.

30. 자연어 처리 (NLP, Natural Language Processing)

- **뜻:** AI가 사람의 언어를 이해하고 처리하는 기술.
- **예시:** 아이가 책을 읽고 그 내용을 요약하는 것처럼, AI도 텍스트를 분석하고 이해할 수 있습니다.

31. 텍스트 생성 (Text Generation)

- **뜻:** AI가 주어진 주제나 조건에 맞춰 새로운 문장을 생성하는 기술.
- **예시:** 아이가 배운 내용을 바탕으로 자신의 글을 쓰는 것과 비슷합니다.

32. 음성 인식 (Speech Recognition)

- **뜻:** AI가 음성을 텍스트로 변환하는 기술.
- **예시:** 부모가 아이의 말을 듣고 그대로 받아 적는 과정과 유사합니다.

33. 이미지 인식 (Image Recognition)

- **뜻:** AI가 이미지를 분석하여 객체나 특징을 식별하는 기술.
- **예시:** 아이가 사진 속 동물을 보고 "이건 코끼리야"라고 말하는 것과 같습니다.

34. 다중 모달 학습 (Multi-Modal Learning)

- **뜻:** AI가 여러 종류의 데이터를 동시에 학습하여 더 나은 결과를 도

AI 사고 철학

출하는 기술.

- **예시:** 아이가 그림과 설명을 동시에 보며 개념을 배우는 것과 비슷합니다.

35. 데이터 정규화 (Normalization)

- **뜻:** 데이터를 일정한 범위로 맞춰 AI가 학습하기 쉽게 만드는 과정.
- **예시:** 아이가 수학 문제에서 단위를 통일하여 계산하는 것과 같습니다.

36. 데이터 표준화 (Standardization)

- **뜻:** 데이터의 평균과 표준 편차를 기준으로 변환하여 AI가 학습하도록 만드는 과정.
- **예시:** 아이가 시험 점수를 백분율로 변환해 다른 친구들과 비교하는 것과 유사합니다.

37. 샘플링 (Sampling)

- **뜻:** 전체 데이터 중 일부를 선택해 AI가 학습하도록 하는 과정.
- **예시:** 아이가 전 교과서 내용을 다 공부하지 않고, 중요한 부분만 골라 학습하는 방식입니다.

38. 시각화 (Visualization)

- **뜻:** 데이터를 그래프나 차트로 표현해 쉽게 이해하도록 하는 기술.
- **예시:** 아이가 실험 결과를 표나 그래프로 정리해 보는 것과 비슷합니다.

39. 모델 평가 (Model Evaluation)

- **뜻:** AI가 학습한 내용을 평가하여 성능을 측정하는 과정.
- **예시:** 아이가 모의고사를 치르고 자신의 학습 수준을 점검하는 것과 유사합니다.

40. 테스트 데이터 (Test Data)

- **뜻:** AI가 학습한 후 성능을 테스트하기 위해 사용하는 데이터.
- **예시:** 아이가 시험 준비 후 실제 시험을 보는 과정과 같습니다.

41. 검증 데이터 (Validation Data)

- **뜻:** 학습 중 AI의 성능을 평가하기 위해 사용하는 데이터.
- **예시:** 아이가 중간고사를 통해 자신의 실력을 점검하는 것과 비슷합니다.

42. 학습 데이터 (Training Data)

- **뜻:** AI가 학습하는 데 사용하는 데이터.
- **예시:** 아이가 수업 시간에 배우는 내용과 연습 문제들입니다.

43. 배치 학습 (Batch Learning)

- **뜻:** 데이터를 여러 묶음으로 나눠 AI가 순차적으로 학습하는 방식.
- **예시:** 아이가 단원별로 나누어 교과서를 공부하는 것과 비슷합니다.

44. 온라인 학습 (Online Learning)

- **뜻:** 실시간으로 AI가 데이터를 받아 학습하는 방식.
- **예시:** 아이가 실시간으로 교사의 Feedback을 받으며 문제를 해결하는 상황입니다.

AI 사고 철학

45. 순환 신경망 (RNN, Recurrent Neural Network)

- **뜻:** 연속된 데이터를 처리하며 이전 데이터를 기억하여 새로운 데이터를 분석하는 AI 모델.
- **예시:** 아이가 책의 앞부분을 기억하며 뒷부분을 읽어 이야기 전체를 이해하는 것과 유사합니다.

46. 합성곱 신경망 (CNN, Convolutional Neural Network)

- **뜻:** 이미지나 영상 데이터를 분석하고 처리하는 데 특화된 AI 모델.
- **예시:** 아이가 그림에서 특정 동물을 찾아내는 것과 비슷합니다.

47. 변환기 모델 (Transformer Model)

- **뜻:** 긴 문장이나 텍스트에서 문맥을 이해해 언어를 처리하는 AI 모델.
- **예시:** 아이가 소설의 내용을 읽고 각 등장인물의 관계를 파악하는 것과 같습니다.

48. 어텐션 메커니즘 (Attention Mechanism)

- **뜻:** AI가 중요한 정보에 더 집중하도록 도와주는 기술.
- **예시:** 아이가 중요한 부분에 밑줄을 긋고 공부하는 것과 유사합니다.

49. 생성적 적대 신경망 (GAN, Generative Adversarial Network)

- **뜻:** 두 AI 모델이 서로 경쟁하며 점점 더 정교한 결과물을 만들어내는 기술.
- **예시:** 한 아이가 그림을 그리고, 다른 아이가 이를 평가해 더 나은 그림을 그리도록 돕는 상황과 비슷합니다.

50. 자기지도 학습 (Self-Supervised Learning)

- **뜻:** 정답 없이 스스로 데이터를 학습하여 규칙을 발견하는 AI 기술.
- **예시:** 아이가 실험을 반복하며 스스로 문제의 원인을 찾아내는 과정과 비슷합니다.

51. RAG (Retrieval-Augmented Generation)

- **뜻:** AI가 학습된 데이터 외에도 외부 데이터베이스에서 필요한 정보를 검색하여 답변을 생성하는 기술.
- **예시:** 아이가 숙제를 할 때 교과서에서 답을 찾지 못하면 도서관에서 책을 찾아 정보를 보완하는 것과 같습니다.

52. CICD (Continuous Integration and Continuous Deployment)

- **뜻:** AI 모델이 지속적으로 새로운 데이터를 통합하여 학습하고, 그 결과를 자동으로 배포하여 개선하는 과정.
- **예시:** 아이가 매일 새로운 문제를 풀고, 틀린 부분을 수정하여 시험 준비를 꾸준히 업그레이드하는 것과 비슷합니다.

53. 제로샷 학습 (Zero-Shot Learning)

- **뜻:** AI가 특정 주제에 대한 학습 없이도 새로운 문제를 해결할 수 있는 능력.
- **예시:** 아이가 한 번도 해보지 않은 문제 유형을 보고도 논리적으로 해결하는 상황과 유사합니다.

54. 파라미터 (Parameter)

- **뜻:** AI 모델이 학습 과정에서 조정하는 변수로, 데이터에 따라 출력

결과를 결정하는 역할을 함.

- **예시:** 아이가 수학 문제를 풀 때 사용하는 공식의 값과 같이, 문제를 해결하기 위한 도구입니다.

55. 백엔드 (Backend)

- **뜻:** 사용자가 직접 보지는 못하지만, 데이터 처리와 저장을 담당하는 시스템의 부분.
- **예시:** 아이가 컴퓨터로 게임을 할 때, 화면 뒤에서 작동하는 규칙과 프로그램이 백엔드 역할을 합니다.

56. 프롬프트 (Prompt)

- **뜻:** AI가 특정 작업을 수행하도록 지시하는 입력 명령.
- **예시:** 부모가 "이 이야기를 요약해 보렴"이라고 요청하면, 아이가 요약문을 작성하는 것과 같습니다. AI도 프롬프트에 따라 반응합니다.

57. 데이터 커리 (Data Query)

- **뜻:** 데이터베이스에서 특정 정보를 요청하고 가져오는 작업.
- **예시:** 아이가 도서관 사서에게 "강아지 관련 책을 찾아주세요"라고 요청하면, 사서가 해당 책을 찾아주는 과정과 비슷합니다.

58. 멀티테넌시 (Multi-Tenancy)

- **뜻:** 하나의 시스템이 여러 사용자(테넌트)를 동시에 지원하며, 데이터를 분리해서 처리하는 방식.
- **예시:** 학급에서 여러 학생이 각자 다른 주제를 공부하면서도 한 교실을 공유하는 것과 같습니다. 각 학생의 공부 내용은 다른 학생에게 영향을 주지 않습니다.

59. 인퍼런스 (Inference)

- **뜻:** AI가 학습된 모델을 활용하여 새로운 데이터를 기반으로 예측이나 결론을 도출하는 과정.
- **예시:** 아이가 "구름이 많으면 비가 올 거야"라고 예상하는 것처럼, AI도 학습된 정보를 바탕으로 결과를 예측합니다.

60. 백프로파게이션 (Backpropagation)

- **뜻:** AI가 학습 과정에서 오류를 역으로 추적하여 모델의 가중치를 조정하는 알고리즘.
- **예시:** 아이가 수학 문제를 풀고 틀린 부분을 되돌아보며 왜 틀렸는지 확인하고 다시 푸는 과정과 비슷합니다.

61. 가중치 (Weight)

- **뜻:** AI 모델 내에서 입력 데이터가 결과에 미치는 영향을 조절하는 값.
- **예시:** 아이가 "이 문제는 중요하니까 더 집중해야지"라고 판단하는 과정에서 각 문제의 중요도에 차이를 두는 것과 같습니다.

62. 활성화 함수 (Activation Function)

- **뜻:** AI 모델의 뉴런이 활성화될지 결정하는 함수로, 입력값을 출력값으로 변환함.
- **예시:** 아이가 여러 정보를 듣고 그중에서 "이건 중요해"라고 판단하며 행동하는 과정과 비슷합니다.

63. 그레디언트 소실 (Gradient Vanishing)

- **뜻:** AI 학습 중 오류가 모델의 초기층으로 전달되지 않아 학습이 잘 되지 않는 문제.

AI 사고 철학

- 예시: 아이가 잘못된 부분을 고치려고 하지만 문제의 원인을 찾지 못해 계속 같은 실수를 반복하는 상황입니다.

64. LLMOps (Large Language Model Operations)

- 뜻: 대규모 언어 모델의 개발, 운영, 유지보수를 위한 프로세스와 도구.
- 예시: 아이가 시험 준비를 위해 계획을 세우고, 중간에 학습 진도를 점검하며 필요한 부분을 보완하는 과정과 유사합니다.

65. 그래프 신경망 (Graph Neural Network, GNN)

- 뜻: 데이터를 그래프 구조로 표현하여 관계와 연결성을 학습하는 AI 모델.
- 예시: 아이가 가족과 친구의 관계도를 그리며 각 사람의 연결성을 이해하는 것과 비슷합니다.

66. 자가 회귀 모델 (Autoregressive Model)

- 뜻: 이전 데이터의 결과를 다음 데이터의 입력으로 사용하는 방식의 AI 모델.
- 예시: 아이가 한 단계를 끝내고 다음 단계로 넘어가며, 이전에 배운 내용을 활용하는 학습 방식과 유사합니다.

67. 토큰화 (Tokenization)

- 뜻: 텍스트를 단어, 문장 또는 더 작은 단위(토큰)로 나누어 처리하는 기술.
- 예시: 아이가 문장을 단어별로 나누어 뜻을 파악하고 전체 문장을 이해하는 과정입니다.

68. 트레이드오프 (Trade-Off)

- **뜻:** 두 가지 목표가 상충할 때 하나를 선택하면 다른 것을 일부 포기해야 하는 상황.
- **예시:** 아이가 "더 오래 놀고 싶지만, 그러면 숙제를 다 못 할 거야"라고 판단하는 것과 유사합니다.

69. 소프트맥스 함수 (Softmax Function)

- **뜻:** AI 모델이 여러 클래스 중에서 가장 가능성 높은 답을 선택하도록 확률을 계산하는 함수.
- **예시:** 아이가 여러 가지 간식 중 가장 먹고 싶은 것을 선택할 때 각 간식의 매력을 점수로 매기고, 그중 가장 높은 점수를 선택하는 것과 비슷합니다.

70. 하드코딩 (Hardcoding)

- **뜻:** 데이터를 고정된 값으로 프로그램에 직접 입력하여 변경이 어렵게 만드는 방식.
- **예시:** 아이가 "매일 30분씩 공부하기로 했으니 바꾸지 않을 거야"라고 정해진 계획을 절대 바꾸지 않는 것과 같습니다.

71. 드리프트 (Drift)

- **뜻:** AI 모델이 시간이 지나면서 학습한 데이터와 실제 데이터 간의 차이가 생겨 성능이 떨어지는 현상.
- **예시:** 아이가 시험을 준비했지만, 시험 문제가 예상과 달라 공부한 내용을 제대로 활용하지 못하는 상황입니다.

72. 데이터 누락 (Data Imputation)

AI 사고 철학

- **뜻:** 학습 데이터에 누락된 값을 다른 값으로 채우는 기술.
- **예시:** 아이가 문제집을 풀다가 누락된 문제를 다른 자료를 참고해 스스로 채우는 과정과 비슷합니다.

73. 휴리스틱 (Heuristic)

- **뜻:** 빠르게 문제를 해결하기 위해 경험적 규칙이나 직관을 사용하는 방법.
- **예시:** 아이가 시험에서 시간이 부족할 때, 가장 익숙한 문제를 먼저 푸는 전략을 사용하는 것과 유사합니다.

74. 엔드-투-엔드 학습 (End-to-End Learning)

- **뜻:** AI 모델이 처음부터 끝까지 모든 과정을 한 번에 학습하는 방식.
- **예시:** 아이가 처음부터 전체 과정(준비, 풀이, 검토)을 스스로 진행하며 시험 준비를 완료하는 것과 같습니다.

75. 샤딩 (Sharding)

- **뜻:** 대규모 데이터를 여러 작은 조각으로 나누어 저장하고 처리하는 기술.
- **예시:** 아이가 공부할 때 한꺼번에 모든 내용을 배우는 대신, 각 단원별로 나누어 학습하는 방식입니다.

76. 임베딩 (Embedding)

- **뜻:** 고차원의 데이터를 저차원 공간에 표현하여 데이터 간의 관계를 효율적으로 학습하는 방법.
- **예시:** 아이가 여러 단어를 배운 후, 비슷한 의미의 단어들을 그룹화하여 기억하는 것과 유사합니다.

77. 퍼지 로직 (Fuzzy Logic)

- **뜻:** 명확한 정답이 없는 문제에서 불확실성을 다루기 위한 논리 체계.
- **예시:** 아이가 "날씨가 약간 흐리면 우산을 가져갈까 말까?"처럼 확실하지 않은 상황에서 판단을 내리는 방식입니다.

78. 분산 컴퓨팅 (Distributed Computing)

- **뜻:** 여러 컴퓨터가 함께 작업을 나누어 수행하는 시스템.
- **예시:** 여러 명의 아이들이 그룹 프로젝트를 나누어 각자 맡은 부분을 완성하고, 결과물을 하나로 합치는 과정입니다.

79. 컨볼루션 (Convolution)

- **뜻:** 이미지나 신호 데이터를 처리할 때 특정 특징을 추출하는 연산 기법.
- **예시:** 아이가 그림에서 특정 패턴(예: 꽃무늬)을 찾아내는 것과 비슷합니다.

80. 가속기 (Accelerator)

- **뜻:** AI 모델의 학습 속도를 빠르게 하기 위해 사용되는 하드웨어나 소프트웨어.
- **예시:** 아이가 문제를 빠르게 풀기 위해 계산기를 사용하는 것처럼, AI도 학습 속도를 높이기 위해 가속기를 사용합니다.

81. 프롬프팅 (Prompting)

- **뜻:** AI 모델이 특정 작업을 수행하도록 지시하거나 원하는 출력을 얻기 위해 입력을 설계하는 기법.
- **예시:** 아이에게 "다음 문장을 완성해 보세요: 오늘 학교에서 가장

재미있었던 일은"이라고 말하면, 아이가 자신의 경험을 바탕으로 문장을 완성합니다. 마찬가지로, AI도 주어진 프롬프트에 따라 답변을 생성합니다.

82. 제로샷 프롬프팅 (Zero-Shot Prompting)

- **뜻:** AI에게 사전 학습 없이도 특정 작업을 수행하도록 하는 기법.
- **예시:** 아이에게 한 번도 배운 적 없는 문제를 풀어보라고 시키는 것과 비슷합니다.

83. 원샷 프롬프팅 (One-Shot Prompting)

- **뜻:** AI에게 예시를 하나 제공하고 이를 바탕으로 문제를 해결하도록 하는 기법.
- **예시:** 아이에게 "이 문제는 이렇게 푸는 거야"라고 한 번 설명한 후 비슷한 문제를 풀게 하는 것과 같습니다.

84. 퓨샷 프롬프팅 (Few-Shot Prompting)

- **뜻:** AI에게 몇 가지 예시를 제공하여 유사한 작업을 수행하도록 하는 기법.
- **예시:** 아이에게 여러 유형의 문제를 보여주고, 같은 방식으로 새 문제를 풀게 하는 과정입니다.

85. Chain-of-Thought

- **뜻:** AI가 문제를 해결하기 위해 중간 단계의 논리적 사고 과정을 거치도록 유도하는 기법.
- **예시:** 아이에게 "이 문제를 풀 때, 먼저 무엇을 해야 할지 생각해 보렴"이라고 하며 단계별로 문제를 해결하게 도와주는 방식입니다.

86. 패르소나 (Persona)

- **뜻:** 특정 사용자 그룹을 대표하는 가상의 인물로, 제품 설계나 사용자 경험을 개선하기 위해 사용됨.
- **예시:** 부모가 아이의 성향에 따라 학습 계획을 짜는 것처럼, 퍼소나는 특정 사용자 유형의 요구를 이해하기 위해 만들어집니다.

87. 리액트 프롬프팅 (ReAct Prompting)

- **뜻:** AI 모델이 논리적 추론과 액션(작업 수행)을 동시에 수행하도록 유도하는 프롬프팅 기법.
- **예시:** 아이가 "책상 정리 → 숙제하기 → 점검하기" 순서로 작업을 수행하면서 동시에 다음 단계에 대해 생각하는 방식과 비슷합니다.

88. 데이터 마트 (Data Mart)

- **뜻:** 특정 부서나 팀의 요구에 맞게 설계된 소규모 데이터 저장소.
- **예시:** 학교에서 학년별 성적 데이터를 따로 관리하여 필요할 때 쉽게 접근하는 것과 유사합니다.

89. 데이터 거버넌스 (Data Governance)

- **뜻:** 데이터의 품질, 보안, 관리 정책을 정의하고 유지하는 프로세스.
- **예시:** 학교에서 학생 성적 데이터를 안전하게 관리하고, 필요한 사람만 접근할 수 있도록 규칙을 만드는 것과 비슷합니다.

90. 데이터 카탈로그 (Data Catalog)

- **뜻:** 데이터의 위치, 구조, 사용 방법 등을 정리한 데이터 사전.
- **예시:** 도서관의 책 목록을 관리하는 시스템처럼, 데이터 카탈로그는 어떤 데이터가 어디에 있는지 쉽게 찾을 수 있도록 돕습니다.

91. 데이터 레이크 (Data Lake)

- **뜻:** 다양한 형식의 대규모 데이터를 원시 형태로 저장하는 시스템.
- **예시:** 학교에서 모든 학생의 학습 기록을 정리하지 않고 그대로 저장해 두는 큰 창고와 비슷합니다.

92. 데이터 압축 (Data Compression)

- **뜻:** 데이터 크기를 줄여 저장 공간을 절약하고 전송 속도를 향상시키는 기술.
- **예시:** 아이가 긴 이야기를 핵심만 요약해 부모에게 말하는 것과 유사합니다.

93. 헐루시네이션 (Hallucination)

- **뜻:** AI 모델이 학습되지 않은 정보나 잘못된 내용을 생성하는 현상.
- **예시:** 아이가 자신이 들어본 적 없는 이야기를 만들어내면서 그것이 사실이라고 믿는 상황과 비슷합니다.

94. 데이터 웨어하우스 (Data Warehouse)

- **뜻:** 다양한 출처에서 수집된 데이터를 체계적으로 통합하고 분석하기 위한 데이터 저장소.
- **예시:** 학교 전체의 성적, 출결, 활동 기록을 한 곳에 모아 분석하는 시스템과 같습니다.

95. 데이터 스키마 (Data Schema)

- **뜻:** 데이터베이스의 구조와 관계를 정의하는 틀.
- **예시:** 아이가 여러 과목의 시험 점수를 표로 정리하고 각 항목의 의미를 설명하는 과정과 비슷합니다.

96. 액티브 러닝 (Active Learning)

- **뜻:** AI가 학습할 데이터 중에서 자신에게 가장 도움이 되는 데이터를 선택해 학습하는 방식.
- **예시:** 아이가 시험에서 가장 약한 부분을 집중적으로 공부하도록 문제를 고르는 것과 같습니다.

97. Feedback 루프 (Feedback Loop)

- **뜻:** AI가 출력 결과에 대한 Feedback을 받아 모델을 개선하는 반복 과정.
- **예시:** 아이가 숙제를 제출한 후 선생님의 Feedback을 받아 더 나은 답안을 작성하는 것과 유사합니다.

아이들과 함께하는 10가지
창의적 Activity 상세 가이드

1. 여섯 색깔 사고 모자

- 적정 인원수: 4~6명
- 최적의 장소: 조용한 실내 공간(회의실, 교실, 거실 등)
- 준비물: 색깔별 사고 모자
- 출력물(또는 실제 모자), A4 용지, 펜, 문제 상황 카드
- 소요 시간: 30~40분
- 습득하는 기술: 다각적 사고, 문제 해결 능력, 의사소통 능력
- 간접 학습 AI 기술: Persona, ReAct Prompting
- AI 기술 설명:
  - Persona: 특정 역할(모자)에 따라 문제를 다각도로 분석하는 기술.
  - ReAct Prompting: 문제 상황에서 적절한 반응과 행동을 이끌어 내는 기술.
- 진행 방법:
  - 문제 상황 설정: 참가자들에게 문제 상황 카드를 나눠줍니다(예:

"학교 쓰레기 문제 해결").
  - 모자 역할 분배: 각 참가자에게 색깔별 사고 모자를 나눠주고 역할을 설명합니다.
• 토론 진행: 참가자들은 자신의 모자 색깔에 맞는 관점에서 의견을 발표합니다.
  - 하얀색: 객관적 사실 제시("학교 쓰레기 양은 매년 증가하고 있습니다.").
  - 빨간색: 감정적 반응("쓰레기를 보면 기분이 나빠요.").
  - 검은색: 부정적 측면 강조("쓰레기 줄이기가 쉽지 않을 겁니다.").
  - 노란색: 긍정적 측면 강조("쓰레기를 줄이면 환경이 개선됩니다.").
  - 초록색: 창의적 해결책 제안("쓰레기를 활용한 예술 프로젝트를 진행해 보면 어떨까요?").
  - 파란색: 전체 의견을 통합하고 실행 계획 정리.
• 종합 토론 및 해결책 도출: 모든 의견을 바탕으로 최적의 해결책을 선택하고 실행 계획을 정리합니다.
• Feedback: 참가자들은 서로의 아이디어에 대해 Feedback을 주고 받습니다.

2. 관심 주제 10분 토론 (United Nation)

• 적정 인원수: 4~6명(2~3명씩 찬성/반대 팀)
• 최적의 장소: 넓고 조용한 공간(교실, 거실)
• 준비물: 주제 카드, 타이머, 메모지, 펜
• 소요 시간: 30~40분
• 습득하는 기술: 논리적 사고, 발표 능력, 타인의 의견 수용
• 간접 학습 AI 기술: Data Collection, Data Catalog, Fine Tuning
• AI 기술 설명:

- Data Collection: 논리적 주장을 뒷받침할 정보를 수집하는 기술.
- Data Catalog: 수집된 정보를 체계적으로 정리하여 필요한 순간에 활용하는 기술.
- Fine Tuning: 논거를 세분화하여 효과적으로 전달하는 기술.
- 진행 방법:
  - 주제 선정 및 팀 나누기: 주제 카드에서 랜덤으로 선택하여 토론 주제를 정합니다(예: "스마트폰 사용 금지").
  - 찬반 팀 구성: 참가자들을 찬성팀과 반대팀으로 나눕니다.
  - 준비 시간: 각 팀은 5분 동안 논거를 정리합니다.
- 토론 진행:
  - 각 팀은 3분 동안 발표하며 자신의 주장을 펼칩니다.
  - 발표 후 2분간 상대팀의 논리를 반박하거나 질문합니다.
- 결론 및 Feedback: 심사위원(부모 또는 다른 참가자)이 가장 설득력 있는 팀을 선정하며, 논리의 강점과 개선점을 Feedback합니다.

3. 감정 카드 게임

- 적정 인원수: 3~5명
- 최적의 장소: 편안한 실내 공간
- 준비물: 감정 카드('기쁨', '슬픔', '화남', '실망' 등), 타이머, A4 용지
- 소요 시간: 20~30분
- 습득하는 기술: 감정 표현 능력, 공감력간접 학습 AI 기술: Data Collection, Data Warehouse, Feedback
- AI 기술 설명:
  - Data Warehouse: 감정 데이터를 체계적으로 저장하여 활용하는 기술.
  - Feedback: 다른 사람의 이야기에 대한 적절한 반응을 통해 학습

을 개선하는 기술.
- 진행 방법:
  - 카드 섞기: 감정 카드를 테이블 위에 뒤집어 놓습니다.
  - 카드 뽑기 및 이야기: 참가자들은 차례로 카드를 뽑아 해당 감정에 대한 자신의 경험을 이야기합니다.
- 공감 및 Feedback:
  - 다른 참가자들은 이야기를 들으며 유사한 경험을 공유하거나 공감하는 Feedback을 제공합니다.
  - 예: "저도 그 상황에서 비슷한 감정을 느꼈어요. 저는 이렇게 대처했어요."
  - 모든 참가자가 참여: 모든 참가자가 자신의 감정을 나누면 게임을 종료합니다.
- 결론 및 학습 점검: 게임이 끝난 후, 감정을 나누는 과정에서 느낀 점과 배운 점을 공유합니다.

4. Working Backward 포스트잇 활용

- 적정 인원수: 2~4명
- 최적의 장소: 벽이나 화이트보드가 있는 공간
- 준비물: 포스트잇, 펜, 화이트보드
- 소요 시간: 30~40분
- 습득하는 기술: 목표 설정, 계획 수립
- 간접 학습 AI 기술: Chain of Thought, Data Mart
- AI 기술 설명:
  - Chain of Thought: 문제 해결 과정을 단계별로 정리하여 사고 흐름을 연결하는 기술.
  - Data Mart: 특정 목표를 위해 데이터를 정리하고 분류하는 기술.

AI 사고 철학

- 진행 방법:
  - 목표 설정: 최종 목표를 포스트잇에 적어 가장 위에 붙입니다(예: "앱 개발 완료").
  - 역방향 단계 나열: 목표를 달성하기 위해 필요한 단계를 역순으로 나열합니다.
  - 구체적 계획 세우기: 단계별 필요한 자원과 예상 문제를 작성합니다.
- 검토 및 실행 계획 수립: 나열된 단계를 기반으로 실행 가능한 일정표를 작성합니다.
- 결론 및 Feedback: 실행 후 어떤 단계가 효과적이었는지 평가하며 개선점을 논의합니다.

5. 내일의 나에게 편지 쓰기

- 적정 인원수: 1~4명
- 최적의 장소: 조용한 공간(거실, 자기 방)
- 준비물: 종이, 펜, 봉투소요
- 시간: 20~30분
- 습득하는 기술: 자기 성찰, 목표 설정
- 간접 학습 AI 기술: Self-Supervised Learning, Time-Series Analysis
- AI 기술 설명:
  - Self-Supervised Learning: 데이터에서 스스로 패턴을 발견해 학습하는 기술.
  - Time-Series Analysis: 시간의 흐름에 따라 데이터 변화를 분석하는 기술.
- 진행 방법:

– 편지 작성 시작: 참가자들은 자신의 현재 고민, 목표, 또는 미래에 대한 기대를 편지에 작성합니다.

– "내일 나는 어떤 기분일까?", "다음 주 나는 무엇을 이뤘을까?" 등의 질문을 스스로에게 던지며 내용을 채웁니다.

– 봉투에 담기: 작성한 편지를 봉투에 넣고, 봉투에 열어볼 날짜를 적습니다(예: 6개월 또는 1년 후).

– 미래의 나와 비교: 일정 기간 후, 편지를 열어 과거의 자신과 현재를 비교하며 성장 과정을 확인합니다.

– 성찰 및 Feedback: 참가자들은 편지를 통해 목표에 대한 진척 상황을 점검하고, 새로운 목표를 설정합니다.

6. 마인드맵을 활용한 목표 시각화

- 적정 인원수: 2~4명
- 최적의 장소: 화이트보드나 큰 테이블이 있는 공간
- 준비물: 종이, 펜, 마커
- 소요 시간: 30~40분
- 습득하는 기술: 목표 설정, 체계적 사고
- 간접 학습 AI 기술: Knowledge Graphs, Schema Learning
- AI 기술 설명:
  – Knowledge Graphs: 데이터와 개념 간의 관계를 시각적으로 표현하는 기술.
  – Schema Learning: 정보를 체계적으로 정리하고 학습하는 기술.
- 진행 방법:
  – 중심 목표 설정: 참가자들은 개인 또는 그룹의 목표를 마인드맵의 중심에 적습니다(예: "책 출간하기").
  – 브랜치 연결: 중심 목표에서 주요 단계들을 브랜치 형태로 연결합

AI 사고 철학

니다.

- "아이디어 구상" → "초안 작성" → "편집 및 수정" → "출판 준비"
- 세부 계획 작성: 각 브랜치마다 세부 계획을 추가로 작성하며 목표를 구체화합니다.
- Feedback 및 수정: 완성된 마인드맵을 검토하며 Feedback을 나누고 필요한 부분을 수정합니다.
- 실행 계획 수립: 마인드맵을 기반으로 우선순위를 정하고 실행 가능한 계획을 수립합니다.

7. 돈 관리 시뮬레이션 게임

- 적정 인원수: 3~4명
- 최적의 장소: 테이블이 있는 공간
- 준비물: 가상의 돈, 지출 항목 카드(집세, 식비, 여가비 등), 타이머
- 소요 시간: 30~40분
- 습득하는 기술: 자원 관리, 우선순위 설정
- 간접 학습 AI 기술: Resource Allocation, Optimization
- AI 기술 설명:
  - Resource Allocation: 제한된 자원을 효과적으로 분배하는 기술.
  - Optimization: 주어진 조건에서 최적의 결과를 도출하는 기술.
- 진행 방법:
  - 가상의 예산 제공: 참가자들에게 동일한 금액의 가상 돈을 나눠 줍니다.
  - 지출 계획 수립: 참가자들은 필수 지출(집세, 식비)과 선택 지출(여가비, 저축)을 고려하여 예산을 분배합니다.
  - 예기치 못한 상황 추가: 중간에 "의료비 발생" 또는 "급작스러운 소득 증가"와 같은 이벤트 카드를 추가하여 참가자들이 예산을 조

정하도록 유도합니다.

- 결과 발표: 각 참가자는 자신의 지출 계획을 발표하고, 선택 이유와 결과를 공유합니다.
- Feedback 및 토론: 참가자들은 서로의 계획에 대해 Feedback을 제공하고, 자원 관리의 중요성을 학습합니다.

8. "만약에" 시나리오 탐구

- 적정 인원수: 2~5명
- 최적의 장소: 상상력을 발휘할 수 있는 편안한 공간
- 준비물: 시나리오 카드(예: "만약 내가 슈퍼히어로라면?", "만약 학교가 하루 쉬는 날이라면?"), 메모지, 펜
- 소요 시간: 20~30분
- 습득하는 기술: 상상력, 창의적 문제 해결, 논리적 사고
- 간접 학습 AI 기술: Scenario Planning, Creative Problem Solving
- AI 기술 설명:
  - Scenario Planning: 다양한 가능성을 기반으로 전략을 수립하는 기술.
  - Creative Problem Solving: 예상치 못한 문제를 창의적으로 해결하는 기술.
  - 진행 방법:
  - 시나리오 설정: 참가자들에게 무작위로 시나리오 카드를 나눠줍니다(예: "만약 내가 타임머신을 가지고 있다면?").
  - 아이디어 작성: 참가자들은 각자 시나리오에 대한 대응 방법이나 해결책을 3분 동안 작성합니다.
  - 아이디어 발표: 각 참가자는 자신의 아이디어를 발표하고, 다른 참가자들의 추가 아이디어를 받습니다.

– 최종 해결책 선정: 가장 창의적이거나 논리적인 해결책을 함께 선정하고 구체적으로 발전시킵니다.
• 학습 정리: 시나리오에 대한 토론을 통해 배운 점을 정리합니다.

9. 미래 직업 탐구 게임

• 적정 인원수: 3~5명
• 최적의 장소: 넓고 조용한 공간준비물: 종이, 펜, 직업 카드("의사", "요리사", "게임 개발자" 등)
• 소요 시간: 2535분
• 습득하는 기술: 자기 탐구, 진로 설계간접 학습
• AI 기술: Exploration vs. Exploitation, Recommendation Systems
• AI 기술 설명:
• Exploration vs. Exploitation: 새로운 정보를 탐구하거나 기존 정보를 활용해 최적의 결과를 찾는 전략.
• Recommendation Systems: 개인의 선호에 따라 맞춤형 추천을 제공하는 기술.
• 진행 방법:
• 직업 선정: 참가자들은 각자 하고 싶은 미래의 직업을 직업 카드에서 선택합니다.
  – 조사 및 발표: 선택한 직업에 대해 필요한 기술, 준비 과정 등을 조사하고 발표합니다.
  – 직업 체험: 간단한 관련 활동(요리 만들기, 게임 코딩 등)을 체험하여 직업에 대한 이해를 높입니다.
  – 토론 및 Feedback: 참가자들은 서로의 발표와 체험 경험에 대해 Feedback을 나누고, 진로에 대한 생각을 정리합니다.

10. 내일의 도전 목표 설정 게임

- 적정 인원수: 3~4명
- 최적의 장소: 실내 공간(회의실, 교실)
- 준비물: 종이, 펜, 목표 카드(예: "운동하기", "새로운 기술 배우기")
- 소요 시간: 20~30분
- 습득하는 기술: 목표 설정, 성취감, 동기부여
- 간접 학습 AI 기술: Goal Setting Algorithms, Progress Tracking
- AI 기술 설명:
  - Goal Setting Algorithms: 목표를 구체적이고 달성할 수 있는 단위로 설정하는 기술.
  - Progress Tracking: 목표 달성 과정을 추적하고 Feedback을 제공하는 기술.
- 진행 방법:
  - 목표 설정: 참가자들은 목표 카드를 뽑아 그날 또는 그 주의 도전 목표를 설정합니다.
  - 세부 계획 작성: 목표 달성을 위한 세부 계획을 작성하고, 필요한 자원을 정리합니다.
  - 진행 상황 점검: 각자 설정한 목표에 대해 하루나 일주일 후 다시 모여 진행 상황을 점검합니다.
  - Feedback 및 수정: 목표 달성 과정에서 느낀 점과 개선 사항을 공유하며, 다음 목표를 설정합니다.

AI 사고 철학